# DAS FACHBUCH ZUM CASIO FX 991DE X

## Schnelleinstieg + Anwendungsaufgaben

# Vorwort / Hinweise zur Arbeit mit diesem Buch

CASIO ist ein eingetragenes Warenzeichen.

Dieses Buch wurde nach bestem Wissen zusammengestellt.
Deshalb können Autor und Herausgeber des Buches keinerlei Haftung für Druckfehler oder eventuell fehlerhaft wiedergegebene Inhalte übernehmen.

## Wie wird mit diesem Buch gearbeitet?

Dieses Buch soll einen Schnelleinstieg in die Arbeit mit dem Taschenrechner CASIO FX-991DE X ermöglichen. Es ersetzt nicht die Bedienungsanleitung von CASIO, die auf der CASIO-Homepage heruntergeladen werden kann.

Durch Beispiele und Übungsaufgaben werden dir die Themen vorgestellt, die für die Schule und den Unterricht relevant sind.

## Der Aufbau des Buches:

In dem Buch zum Casio FX-991DE X, gibt es mehrere Kapitel, welche durch Unterkapitel gegliedert sind. Angefangen mit der Allgemeinen Bedienung bis hin zu Themen wie Terme, Funktionen und vieles mehr.
Zu Beginn jedes Kapitels wird dir kurz erläutert, worum es sich bei diesem Kapitel handelt. Anschließend werden dir Beispiele gezeigt und auch die dazugehörige Eingabe in den Taschenrechner, anhand der Symbole der Taschenrechnertastatur.

**Du findest am Ende einiger Kapitel Übungsaufgaben, sofern es sich um Aufgabenbereiche handelt, bei denen einfach gerechnet werden kann. Die Lösungen findest du ab Seite 84 im Buch.**

Learning by Doing, du kannst dich direkt nach einem gelesenen Kapitel selbst testen und es ausprobieren. Du findest auch Abituraufgaben, an denen du dich testen kannst. Die Lösungen dazu findest du online. Viel Spaß!

## Haftungsausschluss

Dieses Buch wurde nach bestem Wissen zusammengestellt. Deshalb können Autor und Herausgeber des Buches keinerlei Haftung für Druckfehler oder eventuell fehlerhaft wiedergegebene Inhalte übernehmen.

# ıhaltsverzeichnis


## EINFÜHRUNG 7

1 Allgemeine Bedienung 7

2 Das Hauptmenü 8

3 Einstellungen / Setup 9

4 Grundlegende Eingaben / Rechnungen 11

5 Übungen – Allgemeine Einstellungen 12

## ALLGEMEINE BERECHNUNGEN 13

1 Zahlendarstellung 13

2 Primfaktorzerlegung, ggT und kgV 15

3 Teilen mit Rest und Runden 16

4 Bruchrechnung 18

5 Prozentrechnung 20

6 Dreisatz - Verhältnisse berechnen 21

7 Wurzeln und Potenzen 23

8 Zufallszahlen 25

9 Einheiten umrechnen 26

## QR-CODE GENERATOR 29

## TERME, GLEICHUNGEN UND GLEICHUNGSSYSTEME 31

1 Terme 31

2 Gleichungen und Gleichungssysteme 32

3 Ungleichungen 36

## FUNKTIONEN 37

.1 Funktionswerte an einer Stelle x bestimmen 37

.2 Funktionswerte in Wertetabelle darstellen 38

## 6 WAHRSCHEINLICHKEITSRECHNUNG / STATISTIK 40

6.1 Stichproben / Mittelwert / Standardabweichung 40

6.2 Relative Häufigkeiten / Wahrscheinlichkeitsverteilung 41

6.3 Würfelspiel simulieren 42

6.4 Kombinatorik 43

6.5 Binomialverteilung 44

## 7 ANALYSIS 46

7.1 Regression 46

7.2 Ableitung einer Funktion $f(x)$ an einer Stelle $x_0$ 51

7.3 Tabelle mit Werten für 1. Ableitung einer Funktion füllen 51

7.4 Extremstellen bestimmen 52

7.5 Nullstellen, Extremstellen von quadratischen Funktionen 54

7.6 Wendestelle einer Funktion ermitteln 55

7.7 Bestimmtes Integral 56

7.8 Fläche zwischen den Graphen von zwei Funktionen 56

7.9 Volumen von Rotationskörpern 57

## 8 VEKTORRECHNUNG 58

8.1 Einfache Vektoroperationen 58

8.2 Standardaufgaben der Vektorrechnung 62

8.3 Rechnen mit Matrizen 79

## 9 LÖSUNGEN ZU DEN ÜBUNGEN 84

9.1 Lösungen zu Kapitel 1 84

9.2 Lösungen zu Kapitel 2 86

9.3 Lösungen zu Kapitel 4 92

9.4 Lösungen zu Kapitel 5 94

# Anhang

A Wichtige Befehle | Shortcuts 96
B Übungsaufgaben 100
C Abitur Beispielaufgaben 119
D Index | Stichwortverzeichnis 126

# 1 Einführung

## 1.1 Allgemeine Bedienung

Der CASIO FX-991DE X hat eine Vielzahl von Funktionen, die nur dadurch auf der Tastatur abgebildet werden können, indem **Tasten doppelt** oder **dreifach belegt** sind. Um von der ersten Tastenebene die zweite oder dritte Ebene zu wählen, existieren die Tasten **SHIFT** (gelb) und **ALPHA** (rot).

**Die wichtigsten Tasten für den Start**

Taste **SHIFT**
**Gelbe** Tastenbelegung

Taste **ALPHA**
**Rote** Tastenbelegung

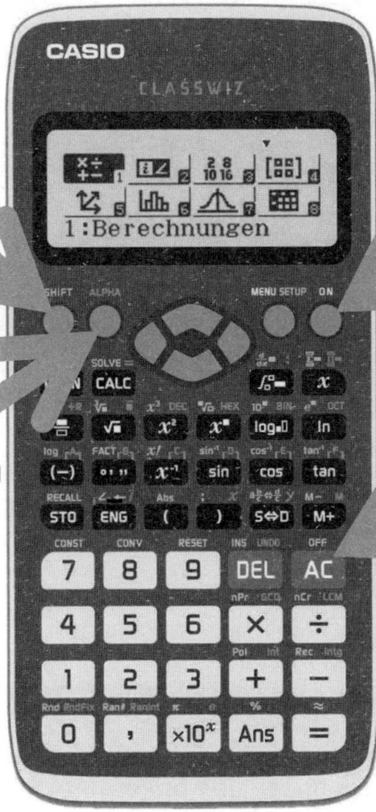


**Einschalten**
**ON**

**Ausschalten**
**SHIFT + AC**
**OFF**

## 1.2 Das Hauptmenü

Mit dem Button rechts oben unter dem Text **MENU SETUP** kannst du immer wieder zum Hauptmenü zurückkehren.

Mit den Pfeiltasten oder der jeweiligen Nummer kannst du im Menü zu den einzelnen Punkten springen.

**Das Hauptmenü hat 13 Unterpunkte, von 1 - 9 sowie A, B, C, D.**

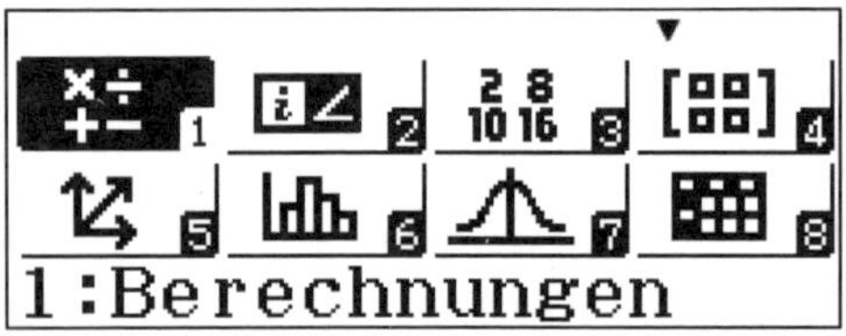


Hauptmenü: 1 - 8

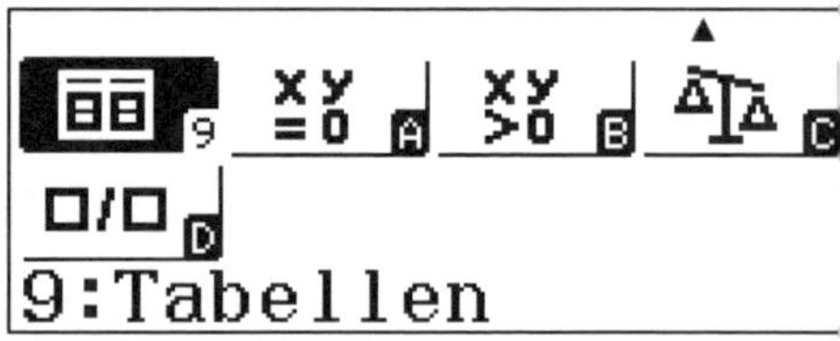


Hauptmenü: 9, A-D

**1: Berechnungen:** Allgemeiner Rechenmodus
**2: Komplexe Zahlen**
**3: Basis-N:** Rechnen in verschiedenen Zahlensystemen zur Basis N, z. B. Zweiersystem, Hexadezimalsystem usw.
**4: Matrizen:** Berechnungen mit Matrizen
**5: Vektorrechnung**
**6: Statistik**
**7: Verteilungsfkt:** Wahrscheinlichkeitsrechnung
**8: Tabellenkalk.:** Rechnen mit Tabellen
**9: Tabellen:** Wertetabelle, Funktionswerte in Tabelle erzeugen
**A: Gleichung/Funkt:** Gleichungen numerisch lösen
**B: Ungleichungen:** Ungleichungen berechnen
**C: Berechn prüf:** Berechnungen überprüfen
**D: Verhältnisse:** Verhältnisgleichungen / Dreisatz

## 1.3 Einstellungen / Setup

Mit Drücken der **SHIFT - Taste** und anschließend der **MENU- Taste** kommt man zu den Einstellungen (Setup). Das funktioniert allerdings **NUR** im Berechnungsfenster (Hauptmenü 1).
Mit **SHIFT MENU** gelangt man in das Fenster für die allgemeinen Einstellungen des Taschenrechners. Insgesamt gibt es 4 Fenster mit jeweils 4 Einstellungsoptionen. Zwischen den einzelnen Fenstern springt man mit der Pfeil nach unten Taste: ▼.

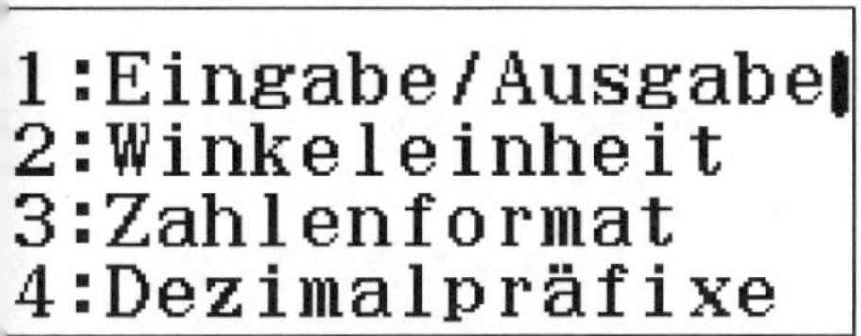

1. Fenster mit Einstellungen

2. Fenster mit Einstellungen

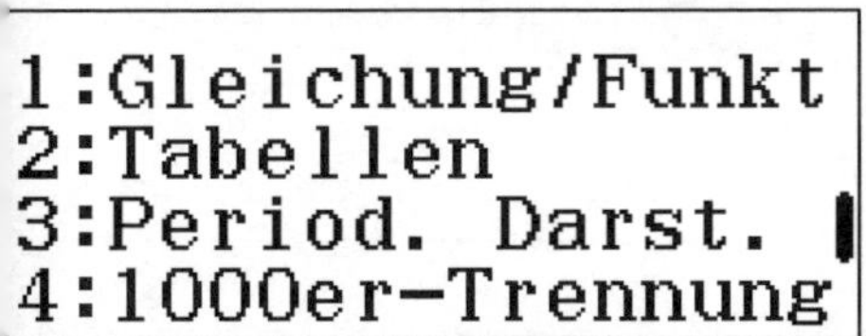

3. Fenster mit Einstellungen

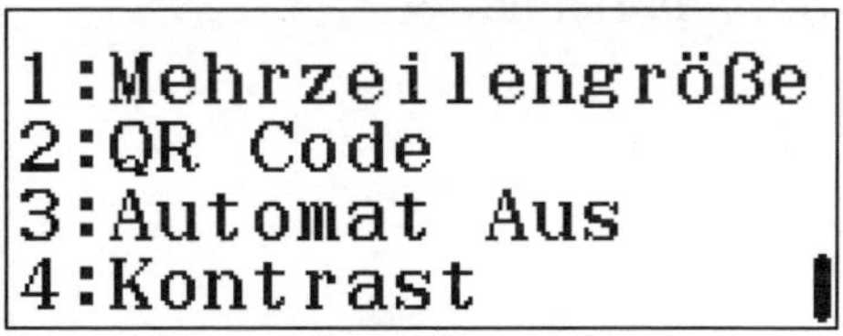

4. Fenster mit Einstellungen

An dem schwarzen Strich rechts im Fenster kann man die aktuelle Position des Fensters ebenfalls erkennen!

### 1.3.1 Das Winkelmaß - Grad- oder Bogenmaß

Im Unterricht ist in der Geometrie sowie Trigonometrie beim Rechnen mit Winkeln und Winkelfunktionen die Einstellung des **Winkelmaßes** wichtig. Wir wählen im 1. Fenster den Punkt **2:Winkeleinheit** für die Einstellung des Winkelmaßes. Schon erhalten wir folgende Auswahl:

**1:Gradmaß**
für Winkelberechnungen im bekannten 0° - 360° Maß
**2:Bogenmaß**
$360° = 2\pi, 180° = \pi, 90° = \frac{\pi}{2}$ usw.
**3:Geodätisches Winkelmaß**
(GON), benötigen wir nicht!

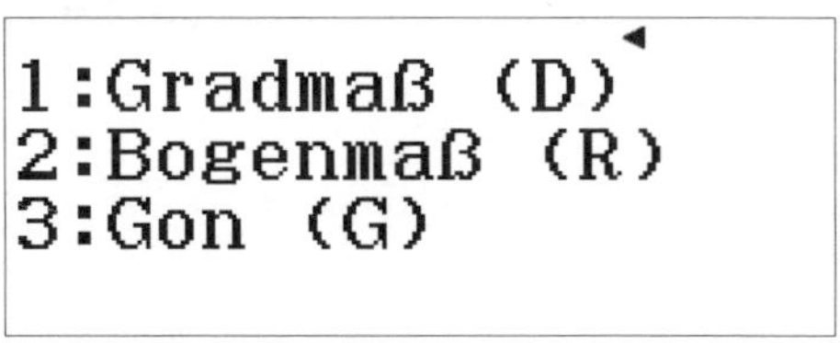

### 1.3.2 Die Bruchdarstellung

Rechnen wir Aufgaben in der Bruchrechnung oder dividieren wir einfach, erhalten wir automatisch Ergebnisse in Bruchdarstellung. Über das **SETUP** kann bei dieser Darstellung zwischen reiner Bruchdarstellung und gemischter Bruchdarstellung (d. h. der ganzzahlige Anteil steht vor dem Bruch) gewählt werden. Um diese Einstellung vorzunehmen, wählen wir im **SETUP** das zweite Fenster und jetzt **1:Bruchergebnis**.

**1:ab/c**
**gemischte**
**Bruchdarstellung** $15:4 = 3\frac{3}{4}$

**2:d/c**
**reine**
**Bruchdarstellung** $15:4 = \frac{15}{4}$

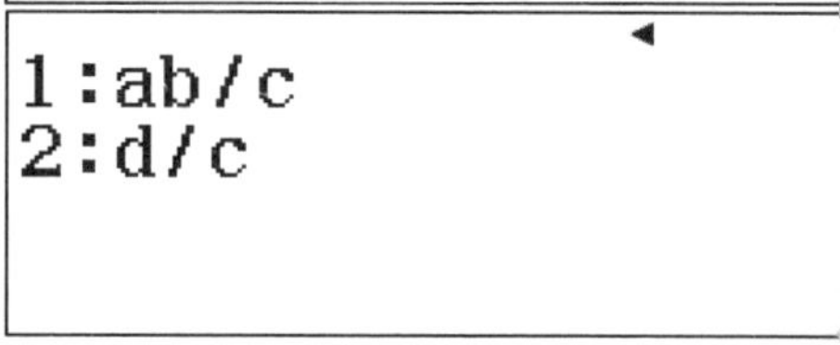


### 1.3.3 Dezimaldarstellung / Dezimalpräfixe

Im ersten Fenster der Einstellungen können unter **4:Dezimalpräfixe** eingestellt werden. Das kann unter Umständen verwirren. Es handelt sich hierbei um **Kürzel für Tausender** (**k** für Kilo, **M** für Mega usw.)

**1:Ein** Dezimalpräfixe eingeschaltet

$20000: 10 = 2k$

**k** für Kilo, Faktor 1000

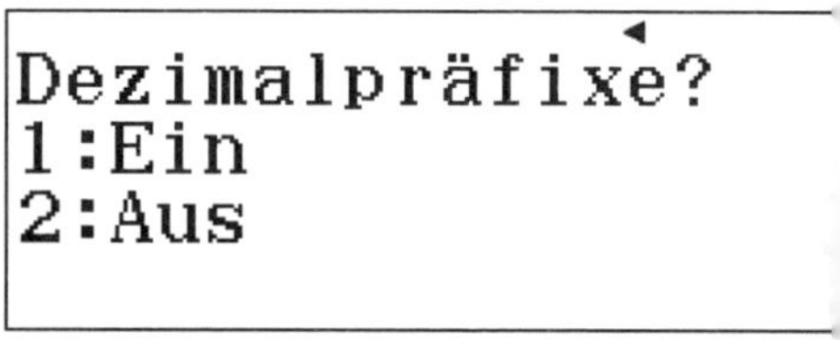


**2:Aus** Dezimalpräfixe ausgeschaltet

$20000 : 10 = 2000$

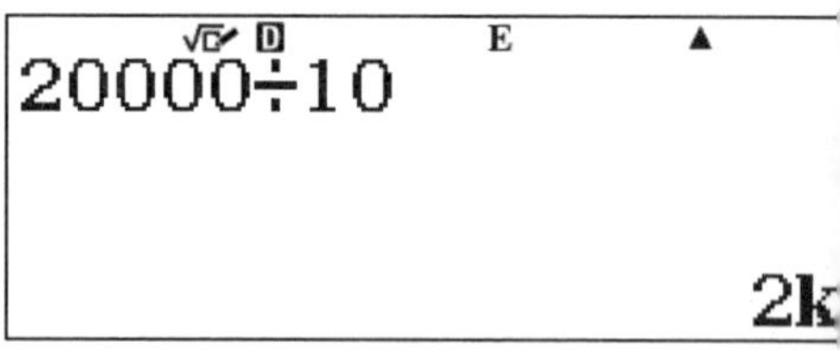


**Weitere Einstellungen behandeln wir bei den entsprechenden Themen.**

## 1.4 Grundlegende Eingaben / Rechnungen

Allgemeine Berechnungen werden im **Berechnungsfenster** durchgeführt. Dieses erscheint standardmäßig beim Einschalten des Rechners. Falls man sich in einem anderen Fenster befindet, gelangt man über das **Hauptmenü** und **1:Berechnungen** wieder an diese Stelle.

Eingaben und Berechnungen werden mit der Taste = abgeschlossen.

Mit den **Pfeiltasten links** und **rechts** kann man in einem Rechenausdruck mit dem Cursor wandern und an der entsprechenden Stelle Änderungen vornehmen

Mit der Taste **DEL löscht man das Zeichen links** von der aktuellen Position.

Mit der Taste **AC löscht man die komplette Eingabe**.

Mit den **Pfeiltasten oben** und **unten** kann man die zuvor ausgeführten Berechnungen wieder im Display anzeigen.

### 1.4.1 Der Antwortspeicher

Wir rechnen:

$100:50 \; = \; 2$

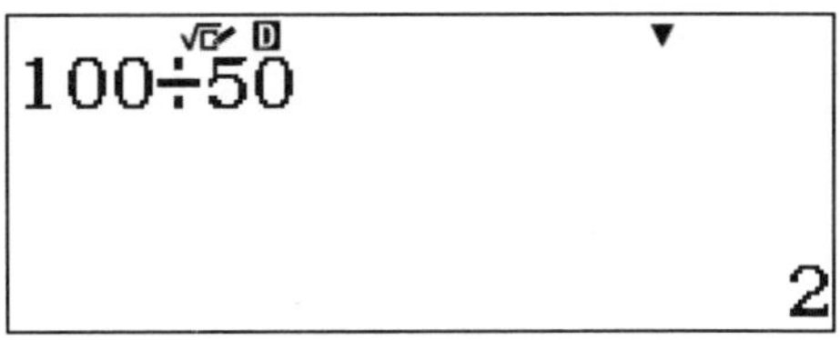


Jetzt drücken wir einfach +10, es erscheint: **Ans+10**.
Aus dem Antwortspeicher wird das Ergebnis der vorherigen Rechnung (2) genommen und 10 wird addiert:

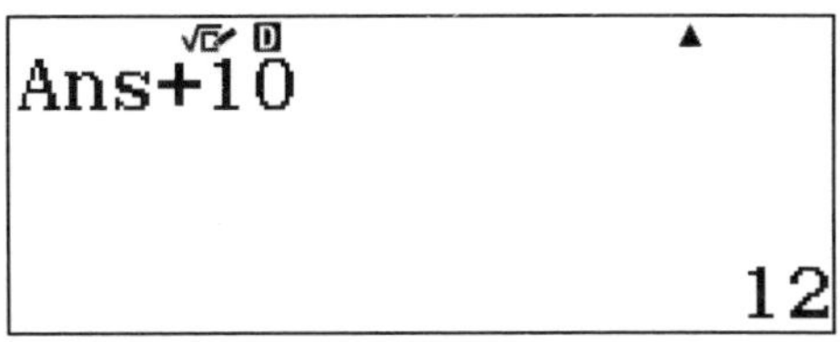


$2 \; + \; 10 = 12$

## 1.5 Übungen – Allgemeine Einstellungen

1. Berechne die folgenden Aufgaben und wähle ggf. im SETUP die richtigen Einstellungen, damit genau das hier angegebene Ergebnis angezeigt wird.

   a) $30:4 = \frac{15}{2}$  b) $30 : 4 = 7\frac{1}{2}$  c) $30000 : 30 = 1k$

2. Gib die folgenden Zahlen ein und korrigiere die angegebenen Stellen! (**Schließe die erste Eingabe NICHT mit „=" ab!**)

| | Eingabe | korrigierter Wert |
|---|---|---|
| a) | $667789:9$ | $66789:9$ |
| b) | $sin(39)$ | $sin(30)$ |
| c) | $\sqrt{125}$ | $\sqrt{121}$ |

3. Führe die folgenden Rechnungen genau in den angegebenen Schritten durch!

   a) Berechne das Produkt aus 7 und 5.
   Subtrahiere 5 vom vorherigen Ergebnis.
   Teile das neue Ergebnis durch 10.
   Bilde das Quadrat vom letzten Ergebnis.

   Wie lautet die erhaltene Zahl?

   b) Berechne 3 hoch 7.
   Teile das Ergebnis durch 9.
   Subtrahiere 3 vom neuen Ergebnis.
   Addiere 16 zur neuen Zahl.
   Bilde die 4. Wurzel vom Ergebnis.

   Wie lautet die erhaltene Zahl?

---

Lösungen zu diesen Aufgaben auf Seite 84

# 2 Allgemeine Berechnungen

Wir bewegen uns in diesem Kapitel immer im **Berechnungsfenster** aus dem Hauptmenü über **1:Berechnungen** erreichbar!

## 2.1 Zahlendarstellung

### 2.1.1 Zehnerpotenzschreibweise

Große Zahlen werden oder müssen sogar in der Zehnerpotenzschreibweise dargestellt werden.

**Interpretation der Anzeige:**

$1000000 : 0{,}0001 = 00000000000 = 1 \cdot 10^{10}$

In Worten: 1 Million geteilt durch 1 Zehntausendstel ist 10 Milliarden, das sind als Zehnerpotenz $10^{10}$.

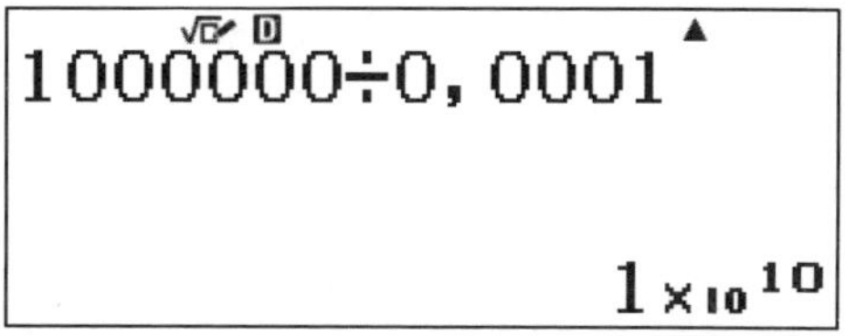


$5{,}402 \cdot 10^3 = 5402$

Eingabe als Zehnerpotenz:

[5] [,] [4] [0] [2] [SHIFT] [log■□] [3] [=]

**Über der LOG Taste befindet sich die 2. Belegung (SHIFT) für die 10er Potenz!**

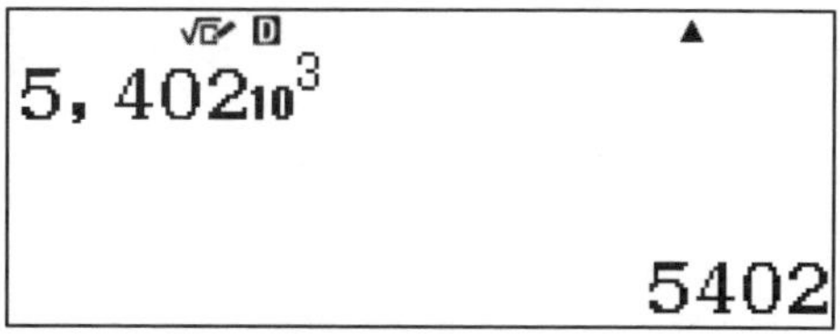


### 2.1.2 Bruchdarstellung - Dezimalschreibweise

Mit der **Taste S<=>D** kann man das Ergebnis einer Berechnung zwischen Bruchdarstellung und Dezimaldarstellung wechseln.

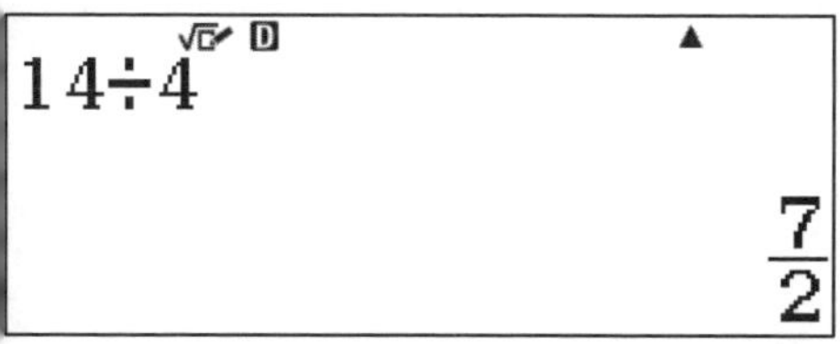


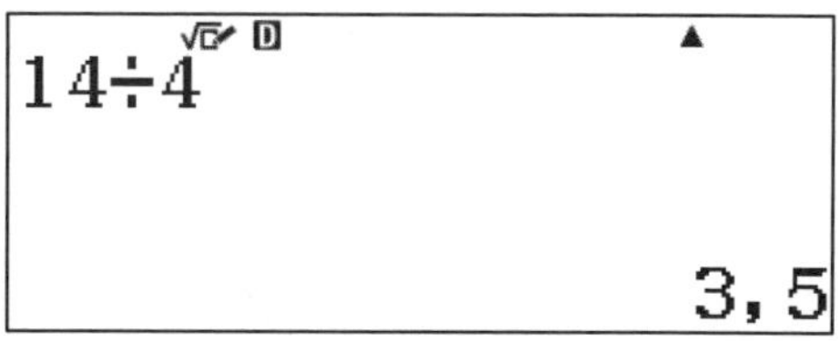


[1] [4] [÷] [4] [=]

[S⇔D]

## 2.1.3 Übungen – Zahlendarstellung

1. Berechne als Dezimalzahl.

   a) $\frac{3}{20}$ b) $\frac{3}{8}$ c) $\frac{5}{125}$ d) $\frac{7}{4}$

2. Wandle in einen Bruch um!

   a) 0,375 b) 0,4 c) 0,16 d) 0,28

3. Schreibe in Zehnerpotenzschreibweise.

   a) 3 Tausendstel b) 5 Millionstel

   c) 10 Milliarden d) 150 Millionen

4. Berechne das Ergebnis.

   a) $5{,}784 \cdot 10000 \cdot 2000 \cdot 50000$

   b) $2{,}76 \cdot 10^{23} \cdot 1{,}5 \cdot 10^{-9} \cdot 2700$

   c) $(2{,}5 \cdot 10^{12}) : (50 \cdot 10^{-8})$

---

Lösungen zu diesen Aufgaben auf Seite 86

## 2.2 Primfaktorzerlegung, ggT und kgV

### 2.2.1 Primfaktorzerlegung

Die Zahl 3465 kann in folgende Faktoren zerlegt werden:

$$3465 = 3 \cdot 3 \cdot 5 \cdot 7 \cdot 11$$

Wir geben ein:

[3] [4] [6] [5] [=] [SHIFT] [°'"]

Über der [°'"] Taste befindet sich der Text: **FACT** für Faktorisierung oder Primfaktorzerlegung!

3465

$3^2×5×7×11$

Hierbei steht $3^2$ für $3 \cdot 3$, doppelt vorkommende Faktoren werden als Potenz ausgegeben!

### 2.2.2 ggT: größter gemeinsamer Teiler

**ggT steht rot als GCD abgekürzt, über der Taste X** (Multiplikation).

ggT (120;320) = 40

[ALPHA] [×] [1] [2] [0] [SHIFT] [)] [3] [2] [0] [)] [=]

GCD(120;320)

40

Beachte das ; (Semikolon) zwischen den beiden Zahlen (Tastenkombination **SHIFT + )** !

[SHIFT] [)]

### 2.2.3 kgV: kleinstes gemeinsames Vielfaches

**kgV steht rot als LCM abgekürzt über der Taste** ÷(geteilt).

[ALPHA] [÷] [1] [2] [SHIFT] [)] [1] [8] [)] [=]

kgV(12;18) = 36

LCM(12;18)

36

Beachte das ; (Semikolon) zwischen den beiden Zahlen!

### 2.2.4 Übungen - Primfaktorzerlegung, ggT und kgV

1. Zerlege die folgenden Zahlen in Primfaktoren!
   a) 60  b) 2499  c) 72675
2. Finde den größten gemeinsamen Teiler der folgenden Zahlenpaare!
   a) (250; 400)  b) (8100; 8700)  c) (11025; 11100)
3. Finde das kleinste gemeinsame Vielfache der folgenden Zahlenpaare!
   a) (14; 18)  b) (30;50)  c) (215; 225)

Lösungen zu diesen Aufgaben auf Seite 87

## 2.3 Teilen mit Rest und Runden

### 2.3.1 Teilen mit Rest

**Über der Taste für Brüche befindet sich der rote Text: ÷R**

Teile 23 durch 7 und gib den Rest mit an: $23:7 = 3R2$ .

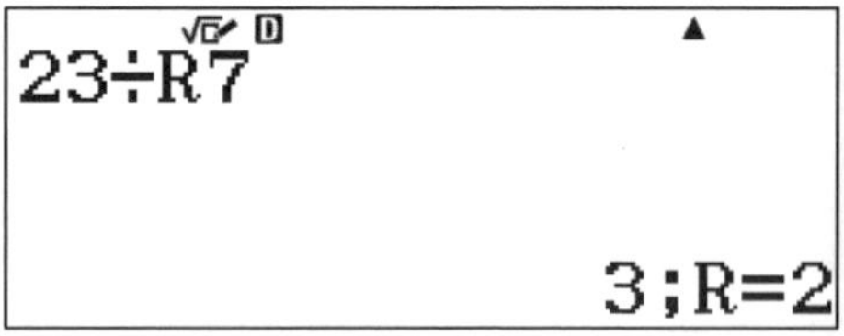


[AC] [2] [3] [ALPHA] [Bruch] [7] [=]

## 2.3.2 Runden

Über der Taste 0 (Null) befindet sich der rote Text **RndFix** zum **Runden einer bestimmten Anzahl Stellen hinter dem Komma.**

Runde 3,14159 auf 2 Stellen

In Dezimaldarstellung (S<>D)

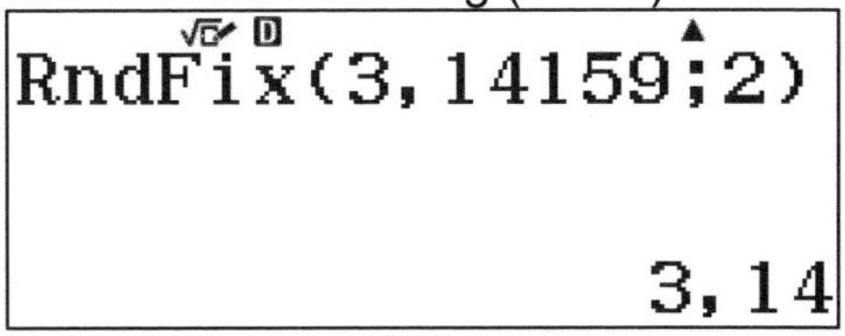


ALPHA 0 3 , 1 4 1 5 9 SHIFT ) 2 ) = S⇔D

## 2.3.3 Periodische Dezimalbrüche

Periodische Dezimalbrüche geben wir mit der **ALPHA + Wurzeltaste** ein:

0 , ALPHA √▪ 3 =

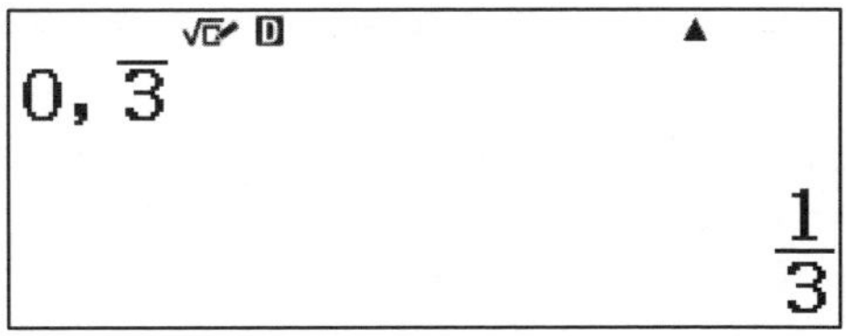


Eingabe einer periodischen Zahl in einem Rechenausdruck:

$$\frac{5}{0,\overline{3}} = 15$$

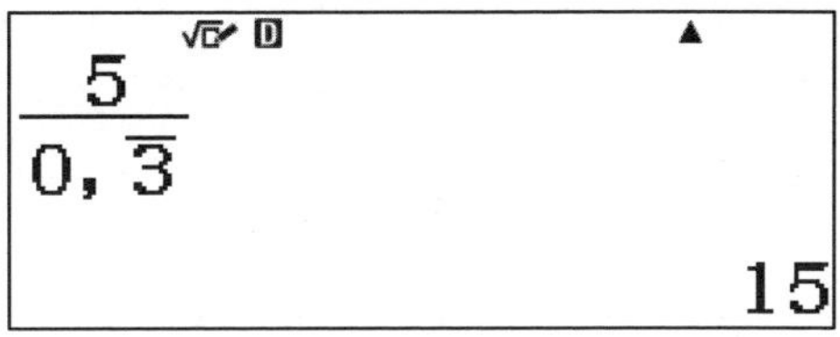


Wir geben ein:

▭/▭ 5 ▼ 0 , ALPHA √▪ 3 =

## 2.3.4 Übungen – Teilen mit Rest und Runden

1. Führe eine ganzzahlige Division durch und bestimme den Rest.
   a) $217 : 5$ b) $3277 : 20$ c) $9921 : 17$

2. Führe die folgenden Berechnungen durch!
   a) $15 : 0,\overline{3}$ b) $12 \cdot 0,\overline{7}$ c) $2,\overline{3} : 0,\overline{3}$

Lösungen zu diesen Aufgaben auf Seite 87

## 2.4 Bruchrechnung

### 2.4.1 Einfache Brüche

Brüche werden generell über die Taste [Bruch-Taste] eingegeben.

Wir berechnen:

$$\frac{4+5\cdot 10}{3\cdot 27}=\frac{2}{3}$$

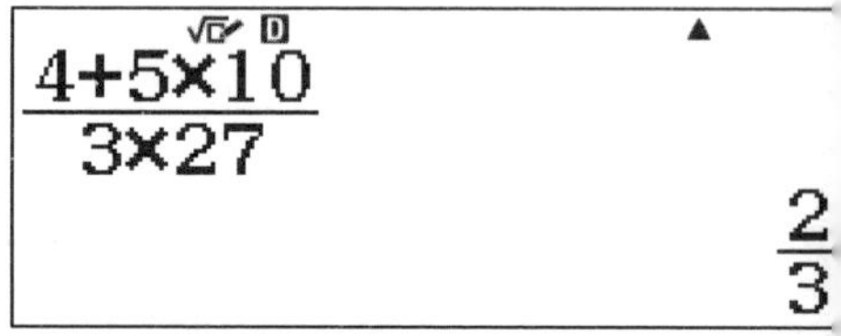

Alternativ können wir einen Bruch auch als Division eingeben. Wir erhalten das Ergebnis als Bruch:

$$(4+5\cdot 10):(3\cdot 27)=\frac{2}{3}$$

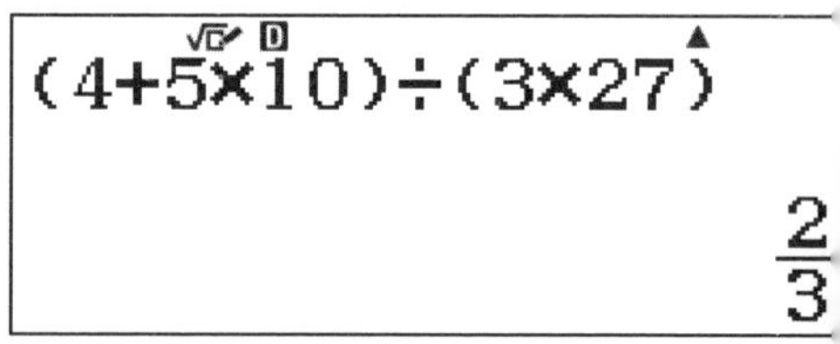

Ein Bruchergebnis in einen **gemischten Bruch** umwandeln:

$$\frac{27}{5}=5\frac{2}{5}$$

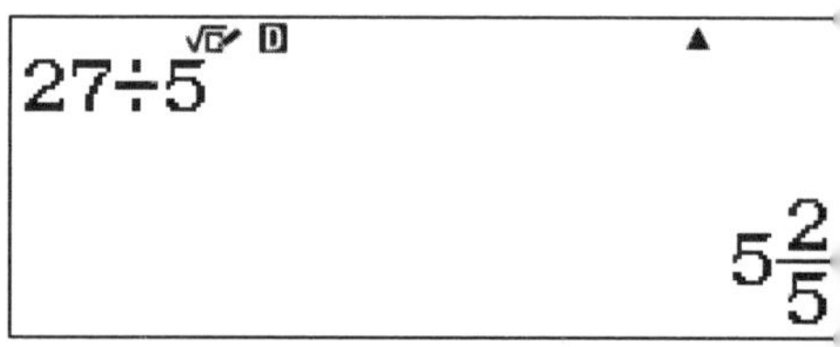

Prozentsatz in Bruchteil umwandeln:

$$15\%=\frac{15}{100}=\frac{3}{20}$$

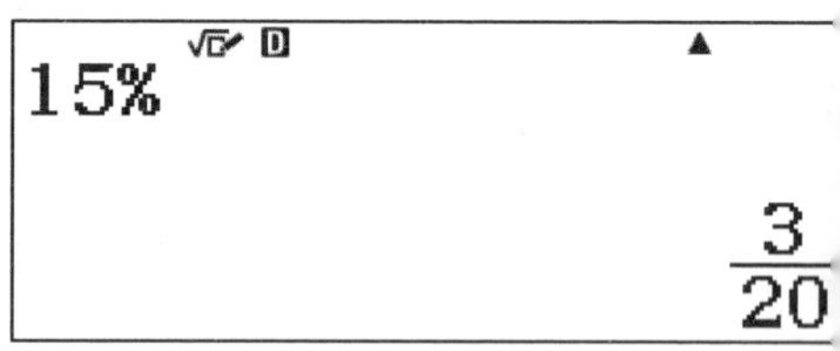

Das **%** Zeichen verbirgt sich über der **ANS**-Taste (mit SHIFT aufrufen!)

## 2.4.2 Doppelbrüche

$$\frac{\frac{3}{7}+\frac{7}{8}}{5-\frac{7}{2}}=\frac{73}{84}$$

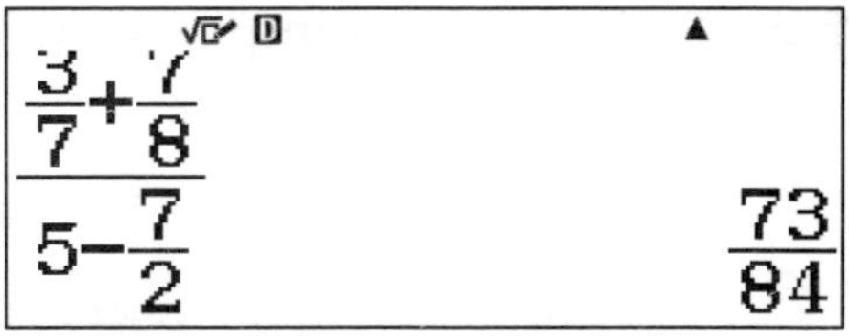


Bei Doppelbrüchen wird oft die Größe des Displays nicht ausreichen (siehe Abbildung oben).

Bei der Eingabe müssen wir beachten, die Bruch-Taste an der richtigen Stelle einzusetzen!

## 2.4.3 Übungen - Bruchrechnung

1. Berechne

a) $\frac{1}{2}+\frac{3}{5}+\frac{5}{6}$ b) $\frac{3}{8}-\frac{3}{4}+\frac{5}{2}$ c) $\frac{1}{3}-\frac{2}{9}+\frac{1}{6}$

2. Berechne

a) $\frac{15}{4}:\frac{5}{2}$ b) $-\frac{18}{10}:0{,}6$ c) $-\frac{28}{10}:\left(-\frac{14}{25}\right)$

3. Berechne

a) $\dfrac{\frac{3}{8}\cdot\left(\frac{1}{2}-\frac{3}{8}\right)^2}{\frac{1}{24}}$ b) $2-\dfrac{\frac{7}{6}-\frac{2}{3}}{\frac{1}{4}}$

Lösungen zu diesen Aufgaben auf Seite 88

## 2.5 Prozentrechnung

In der Prozentrechnung berechnen wir die Größen

- Grundwert $G_w$ : Unsere Basisgröße.
- Prozentwert $P_w$: Der prozentuale Anteil des Grundwerts.
- Prozentsatz $p\%$: Die %-Zahl mit der wir rechnen.

Es gelten die bekannten Gesetzmäßigkeiten:

$P_w = G_w \cdot p\%$ $\qquad G_w = \frac{P_w}{p\%}$ $\qquad p\% = \frac{P_w}{G_w}$

Wir berechnen beispielhaft Prozentwert und Prozentsatz:

Berechne den **Prozentwert:**
$G_w = 375, p\% = 8$
$P_w = 375 \cdot 8\% = 30$

[3] [7] [5] [×] [8] [SHIFT] [Ans] [=]

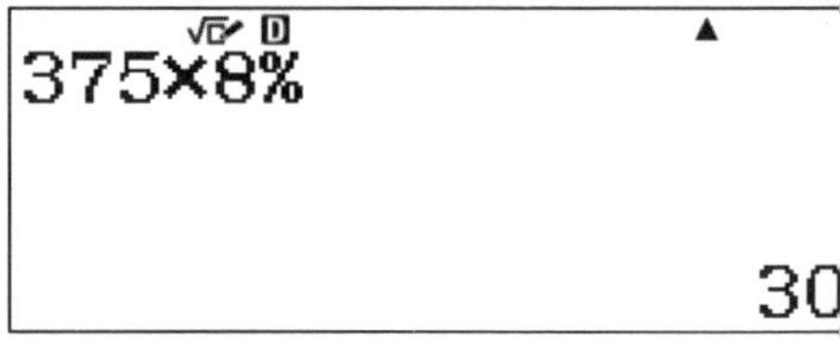


Berechne den **Prozentsatz:**
$G_w = 120, P_w = 15$

$p\% = \frac{P_w}{G_w} = 0{,}125 = 12{,}5\%$

[1] [5] [÷] [1] [2] [0] [=] [S⇔D]

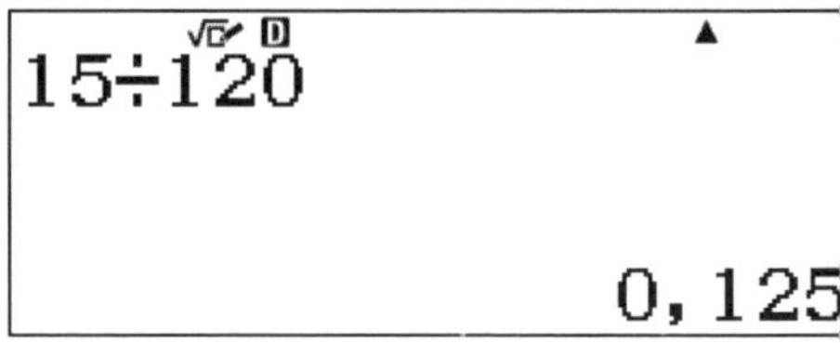


**Beachte,** die Ausgabe musst du selbst als Prozentwert umrechnen!

### 2.5.1 Übungen – Prozentrechnung

1. Berechne die Anteile!
   a) 7 % von 150 b) 19 % von 299 c) 85 % von 350

2. Berechne den Prozentsatz!
   a) 30 von 200 b) 60 von 3000 c) 299 von 5000

3. Auf die Artikel gibt es 30 % Rabatt. Berechne den neuen Preis!
   a) Shirt 24,95 € b) Hose 89,90 € c) Hemd 129 €

Lösungen zu diesen Aufgaben auf Seite 89

## 2.6 Dreisatz - Verhältnisse berechnen

Verhältnisse verbergen sich im **Hauptmenü unter Punkt D:**

**Diesen Punkt verwenden wir für Verhältnisgleichungen.**

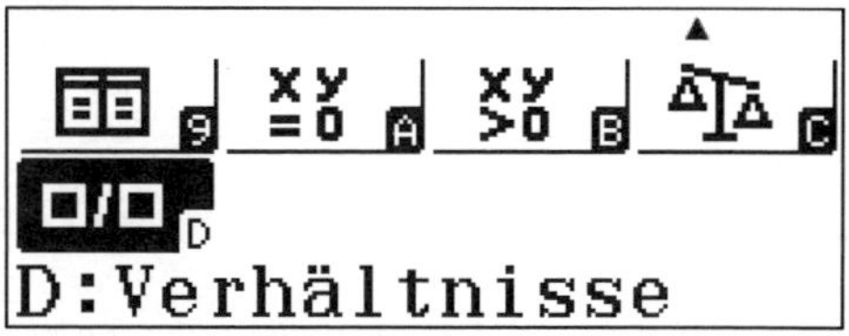


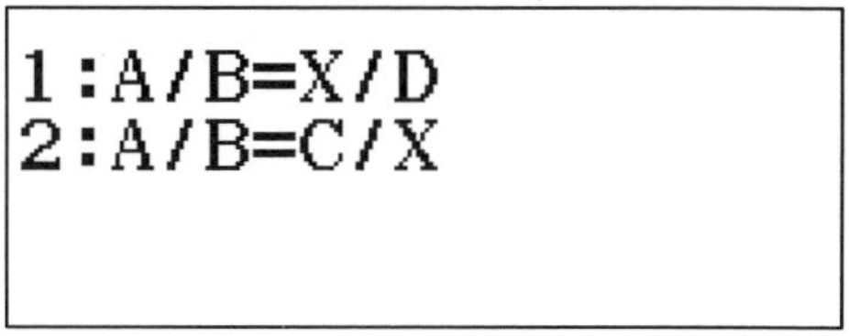


**Beispielaufgabe** für einen Dreisatz, der über eine Verhältnisgleichung gelöst werden kann:

**5 Äpfel kosten 3,50 €. Was kosten 8 Äpfel?**

Diese Aufgabe kann über eine Verhältnisgleichung auf zwei Arten dargestellt werden:

$$\frac{3{,}5}{5} = \frac{x}{8} \qquad\qquad \frac{5}{3{,}5} = \frac{8}{x}$$

Im Rechner: Variante 1

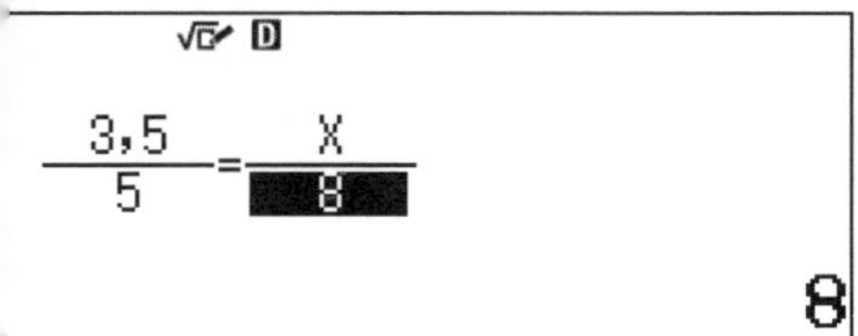

Im Rechner: Variante 2

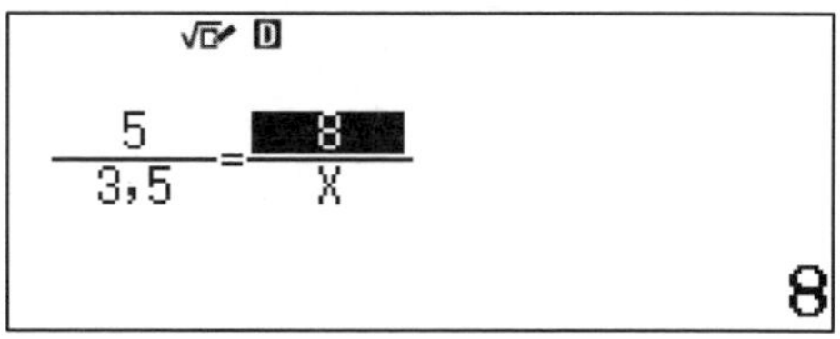

Jede Eingabe schließen wir mit der Taste = ab!
Ein Ergebnis als Bruch wandeln wir mit der **S<=>D** Taste um.

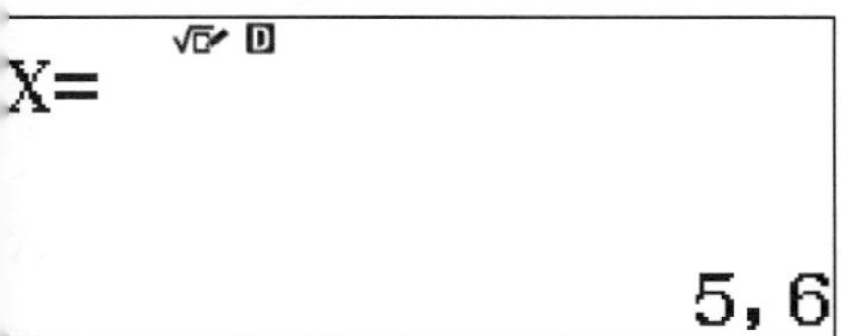


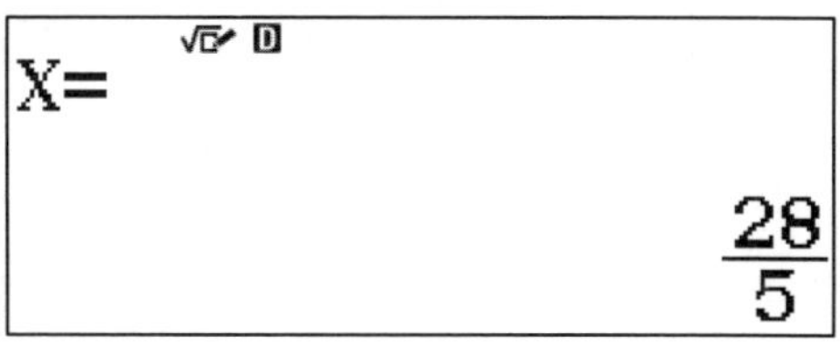


Die Rechnung ist richtig, da 1 Apfel 0,70 € kostet, kosten 8 Äpfel 5,60 €.

### 2.6.1 Übungen – Dreisatz, Verhältnisse berechnen

Berechne!

1. 1 kg Tomaten kostet 2,99 €. Was kosten 1,4 kg?

2. 12 Flaschen Limonade kosten 5,88 €. Was kosten 8 Flaschen?

3. 3 Äpfel kosten 2,37 €. Wie viele bekommt man für 7,11 €?

---

Lösungen zu diesen Aufgaben auf Seite 90

## 2.7 Wurzeln und Potenzen

### 2.7.1 Wurzeln

**Die Quadratwurzel** - diese Funktion ist auf einer eigenen Taste hinterlegt:

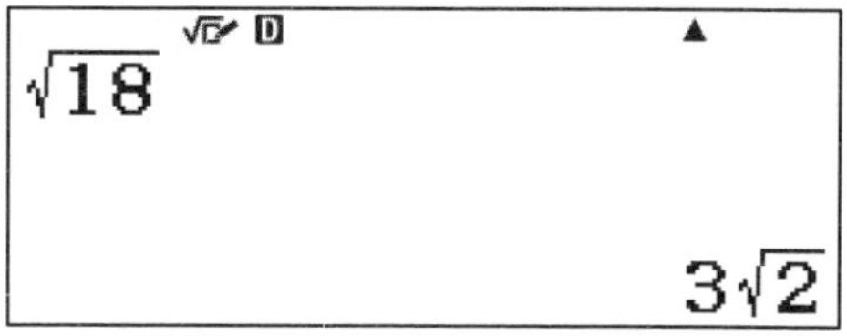


Wir berechnen $\sqrt{18} = 3\sqrt{2}$ .

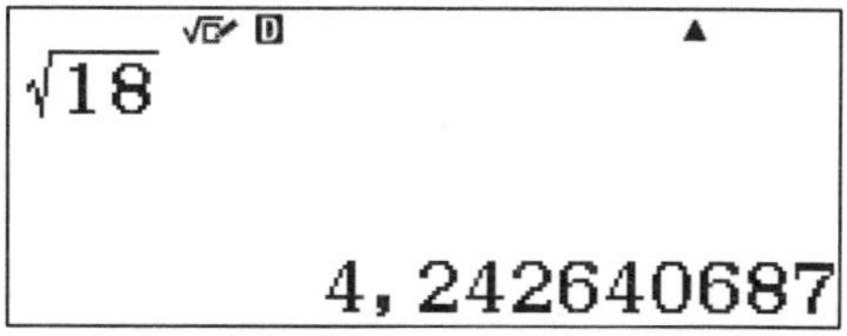


**Beachte!** Zuerst die Wurzel-Taste und erst dann den Wert eingeben!

Der Rechner versucht das Ergebnis als Wurzelterm darzustellen. Für die Dezimaldarstellung drücken wir noch die **S<=>D** Taste.

**Die dritte Wurzel - SHIFT + Wurzel**

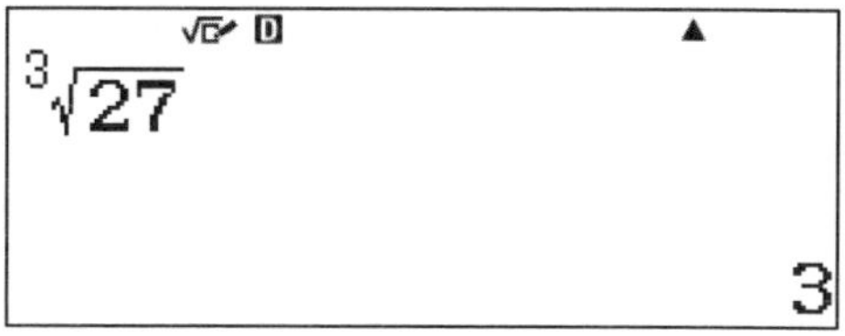


Wir berechnen: $\sqrt[3]{27} = 3$.

**Allgemein die n-te Wurzel**

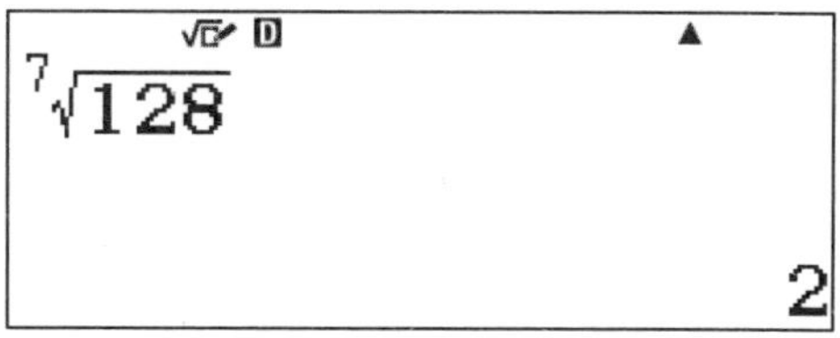


Die Taste für die n-te Wurzel verbirgt sich hinter **SHIFT** + $x^{■}$ Taste.

Wir berechnen: $\sqrt[7]{128} = 2$.

## 2.7.2 Potenzen

**Quadratzahlen**

Für $x^2$steht eine eigene Taste zur Verfügung. Jeder Aufruf muss immer mit der Taste = abgeschlossen werden.

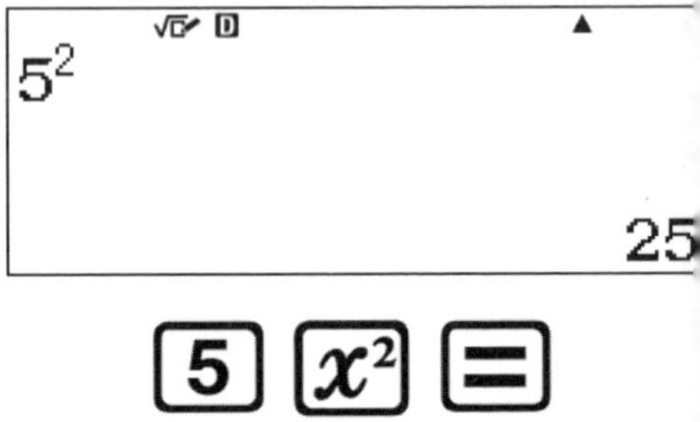


Wir berechnen: $5^2 = 25$.

**Potenzen mit beliebigen Exponenten**

Die Taste für $x^n$ befindet sich direkt rechts neben der $x^2$-Taste.

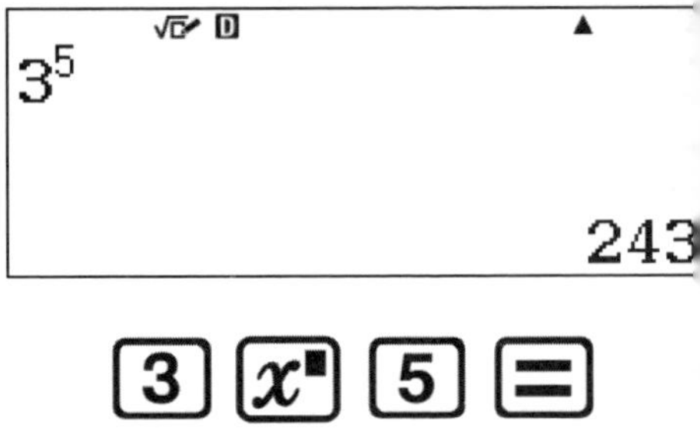


Wir berechnen: $3^5 = 343$.

## 2.7.3 Übungen – Wurzeln und Potenzen

Berechne!

1. a) $\sqrt{243} \cdot \sqrt{27}$ b) $2 \cdot \sqrt{12} \cdot \sqrt{75}$ c) $\sqrt{120} \cdot \sqrt{3}$

2. a) $\sqrt[3]{27} \cdot \sqrt[5]{32}$ b) $\frac{\sqrt{256}}{\sqrt{32}}$ c) $\sqrt[3]{3^9}$

3. a) $3^4$ b) $320^3$ c) $2^{10}$ d) $2^{24}$

4. a) $3^2 \cdot 4^3 \cdot 5^4 \cdot 6^5$ b) $3^7 : 10^4$ c) $10^6 : 10^{-4}$

Lösungen zu diesen Aufgaben auf Seite 90

## 2.8 Zufallszahlen

Der Rechner kann Zufallszahlen erzeugen.

Die Funktion für Zufallszahlen befindet sich in der **SHIFT**-Belegung über der Taste [ , ] .

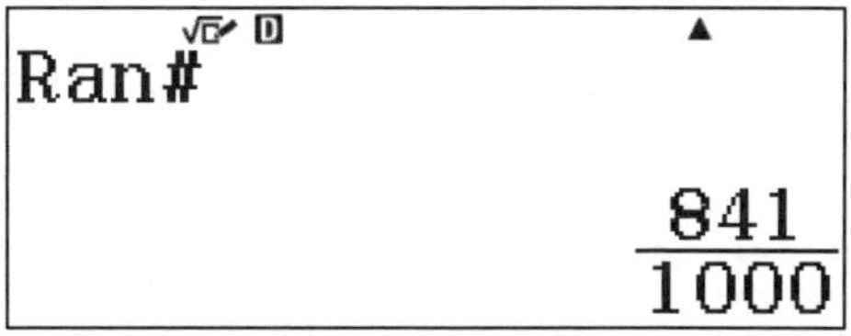

Es wird mit der Funktion **Ran#** immer eine Zahl zwischen 0 und 1 angezeigt. Mit der Taste **S<=>D** kann zwischen Bruch- und Dezimaldarstellung gewechselt werden.
Der Aufruf muss immer mit der Taste [=] abgeschlossen werden.

**Beliebige ganzzahlige Zufallszahlen**

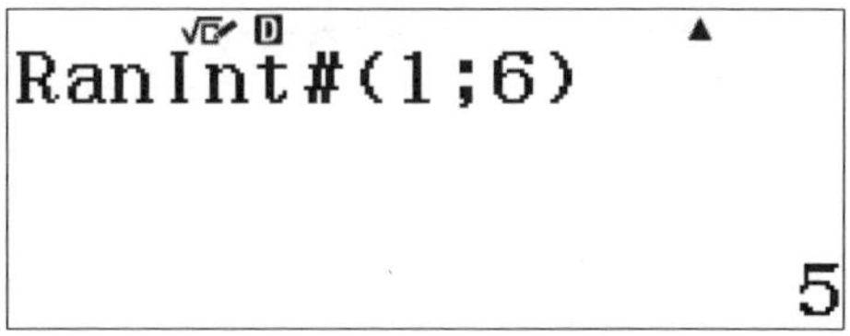

Mit der Funktion **RanInt**, die sich hinter der Tastenkombination
[ALPHA] [ , ]
verbirgt, kann eine ganzzahlige Zufallszahl zwischen zwei Werten berechnet werden. Die obere und untere Grenze wird in Klammer mit einem Semikolon getrennt.

### 2.8.1 Übungen – Zufallszahlen

1. Bestimme 5 Zufallszahlen zwischen 0 und 1.

2. Bestimme 5 Zufallszahlen eines 6-seitigen Würfels (zwischen 1 und 6).

3. Simuliere das Werfen einer Münze. Die Münze soll 4 mal geworfen werden. Welches Zufallsergebnis liefert der Rechner?

---

Lösungen zu diesen Aufgaben auf Seite 91

## 2.9 Einheiten umrechnen

Im Alltag oder in der Physik müssen wir häufig Größeneinheiten umrechnen. Hierzu bietet der Rechner viele Möglichkeiten.

### 2.9.1 Allgemeiner Aufruf

Mit [SHIFT] [8] gelangen wir zu den Umrechnungsoptionen
(**CONV** = convert)
Im Fenster werden 4 verschiedene Größenbereiche angezeigt.
Mit der Pfeiltaste können wir nach unten blättern und gelangen in **weitere 5 Fenster!**

**Beachte!** Zur Umrechnung müssen wir **IMMER** zuerst den Wert eingeben, bevor wir die Umrechnung aufrufen!

```
1:Länge
2:Fläche
3:Volumen
4:Winkel
```

```
1:Masse
2:Zeit
3:Geschwindigkeit
4:Beschleunigung
```

```
1:Drehmoment
2:Kraft
3:Druck
4:Energie
```

```
1:Leistung
2:Wärmedurchfluss
3:Temperatur
4:Spezif. Wärme
```

```
1:Viskosität
2:Kinem. Viskosit
3:Magnetismus
4:Lichtstärke
```

```
1:Radioaktivität
```

## 2.9.2 Längen von Inch in cm umrechnen

**Rechne 13 Inch in cm um!**

Wir geben 13 ein und rufen anschließend die Umrechnung auf.

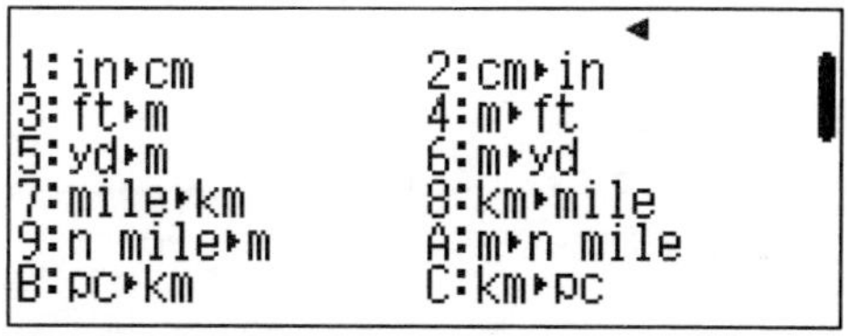


1 3 SHIFT 8 1 1 = S⇔D

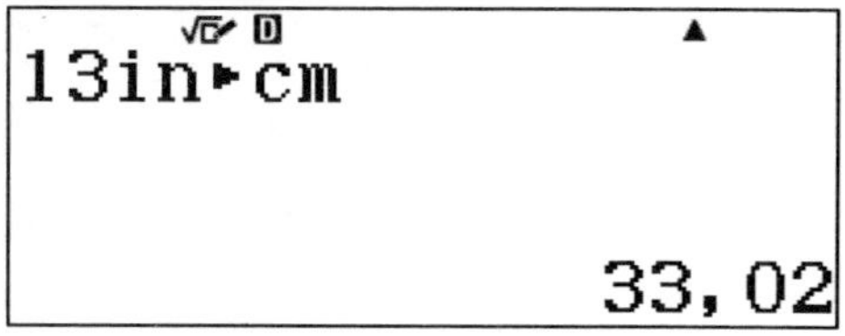


13 Inch sind 33,02 cm!

## 2.9.3 Geschwindigkeit von km/h in m/s umrechnen

**Rechne 120 km/h in m/s um!**

Wir geben 120 ein und rufen die Umrechnung auf.

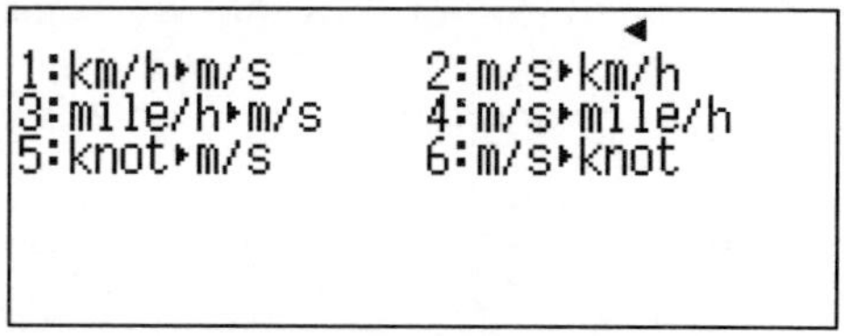


1 2 0 SHIFT 8 ▼ 3 1 = S⇔D

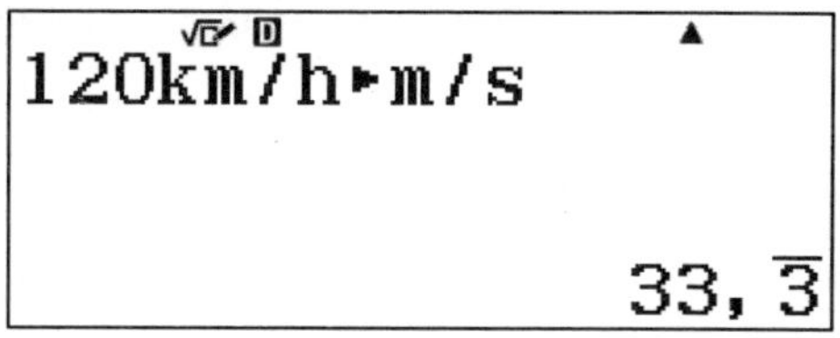


120 $km/h$ sind $33,\overline{3}\ m/s$!

## 2.9.4 Die Zeit von Tagen in Sekunden umrechnen

**Wie viele Sekunden sind 7 Tage?**

Wir geben 7 ein und rufen die Umrechnung auf.

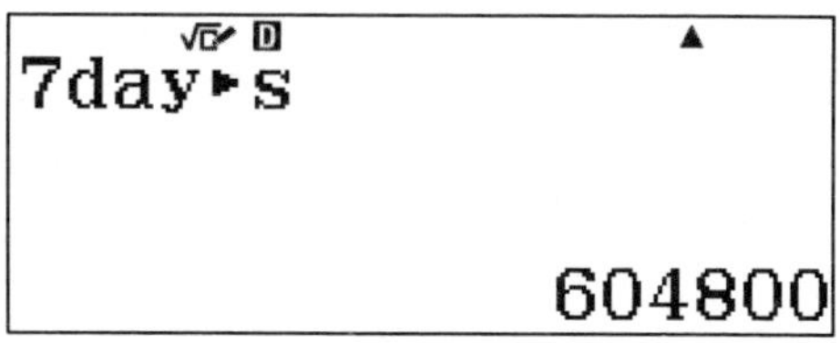


7 SHIFT 8 ▼ 2 7 =

7 Tage sind 604800 Sekunden!

## 2.9.5 Übungen – Einheiten umrechnen

1. Bei einer Geschwindigkeitskontrolle werden folgende Geschwindigkeiten in m/s gemessen. Für die Strafzettel muss die Geschwindigkeit in km/h umgerechnet werden.

   a) 20 m/s  b) 35 m/s  c) 17 m/s

2. Rechne um!

   a) 2 Inch in cm

   b) 100 Yard in m

   c) 25 Seemeilen in m

   d) 20 Knoten in km/h

   e) 25000000 $m^2$ in ha

   f) 15000 Liter in $m^3$

   g) 300 $m^3$ in Liter

3. Rechne um!

   a) Wie viele Sekunden hat der Januar?

   b) Wie viele Tage sind 1 Million Sekunden?

---

Lösungen zu diesen Aufgaben auf Seite 92

# 3 QR-Code Generator

Bei dem Rechner handelt es sich **NICHT** um einen grafikfähigen Taschenrechner, der Funktionen und Diagramme im Display darstellen kann. Jedoch kann der Rechner einen QR-Code anzeigen.

Ein QR-Code (QR = *engl.* „**q**uick **r**esponse“) ist ein zweidimensionaler Code. Er besteht aus einer quadratischen Matrix aus schwarzen und weißen quadratischen Punkten, in der verschiedene Daten codiert werden. Eine spezielle Markierung - in drei der vier Ecken des Quadrats - gibt die Orientierung vor. **Um den QR-Code zu benutzen, muss auf einem verfügbaren Smartphone oder Tablet-Computer eine QR-Code-App installiert sein. In den jeweiligen Shops der Geräteanbieter findet man viele kostenlose Apps zur Installation!** Der hier beschriebene Rechner kann Funktionsgraphen, Punktdiagramme und Tabellenkalkulationen in einem QR-Code verschlüsseln. Mit einer Smartphone- oder Tablet-App können die Daten des Rechners visualisiert werden.

Mit der Tastenkombination

SHIFT OPTN

wird der QR-Code Generator aufgerufen. Der Code wurde zur Tabelle und Funktion aus Kapitel 4.2 erzeugt.

1/1

Ein Scan führt immer zu einer WEB-Seite, auf der die Informationen grafisch dargestellt werden.
**Beachte! Zur grafischen Anzeige ist somit immer eine Internetverbindung erforderlich!**
Übungen zu diesem Thema befinden sich in den einzelnen Kapiteln!

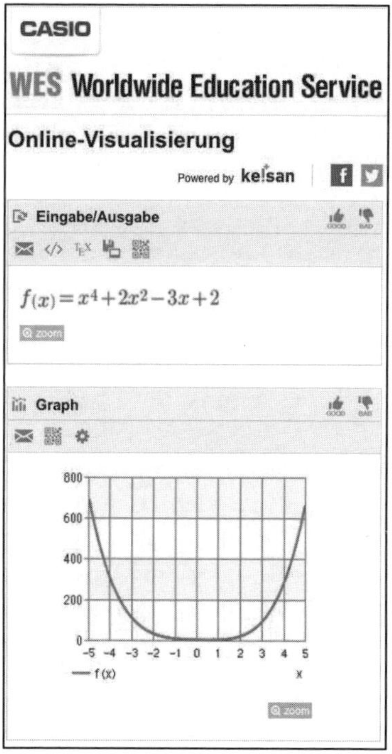

## Weitere Beispiele für die Visualisierung von Ergebnissen:

Lineares Gleichungssystem:

$$\text{(I) } 2x + y = 4$$
$$\text{(II) } -x - y = 3$$

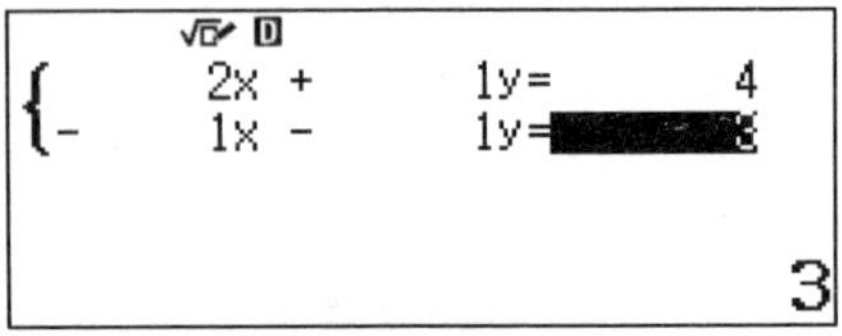

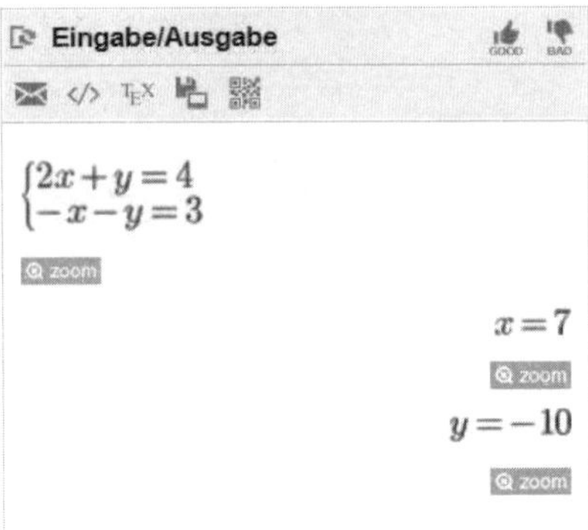


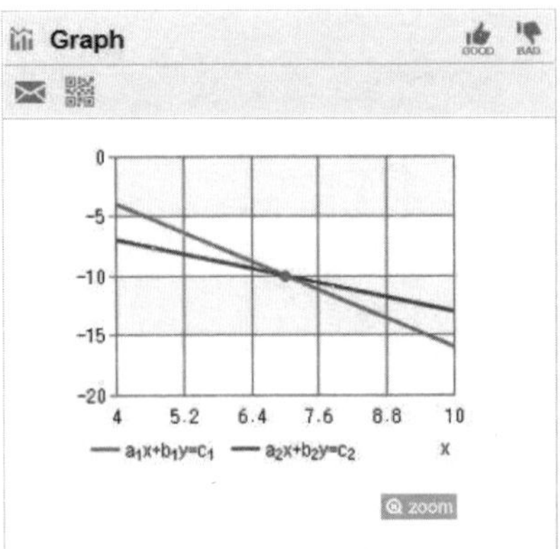


Quadratische Gleichung:

$$x^2 - 5x + 6 = 0$$

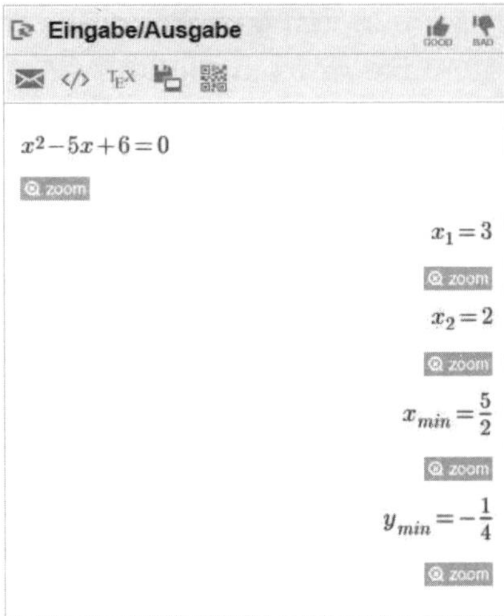


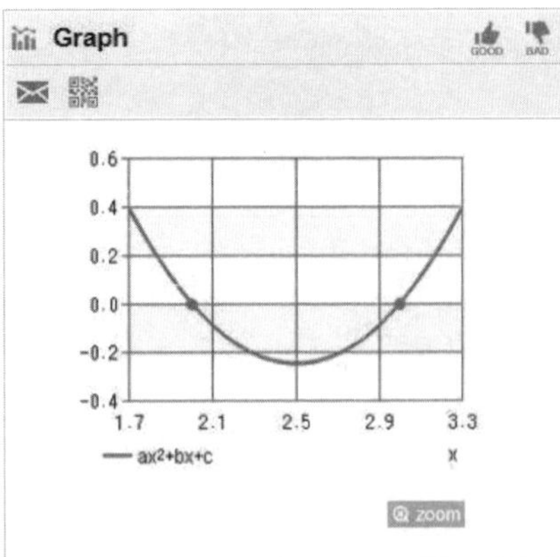

# Terme, Gleichungen und Gleichungssysteme

## .1 Terme

)er Rechner kann in vorgegebene Rechenausdrücke Werte für x einsetzen. )iese Funktion werden wir später nochmals bei Tabellen wiederfinden.

Vir berechnen den Rechenaus-
lruck: $7x + 15$ für $x = 8$.

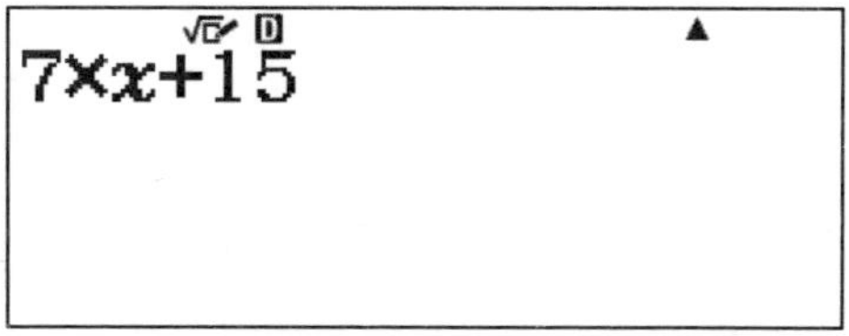


Hierzu geben wir den Rechen-aus-
lruck ein. Das benötigte Zeichen
ür x verbirgt sich hinter: ALPHA )

Anschließend drücken wir die **CALC**
Taste und geben die Zahl 8 ein. Mit
ler Taste = schließen wir ab.

Mit einem weiteren Abschluss durch
lie Taste = erhalten wir das Ergeb-
nis.

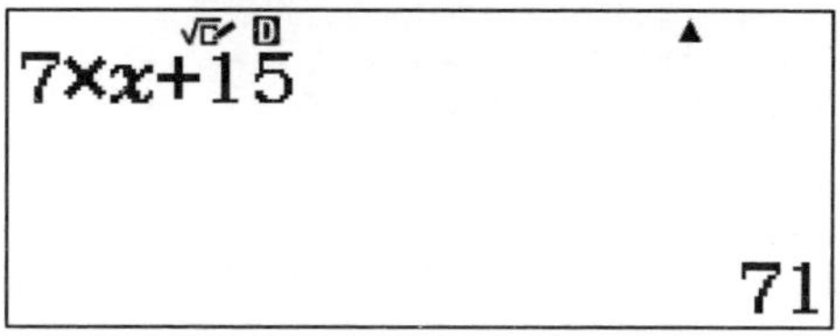


**Eingabe eines Terms mit mehre-
en Variablen**

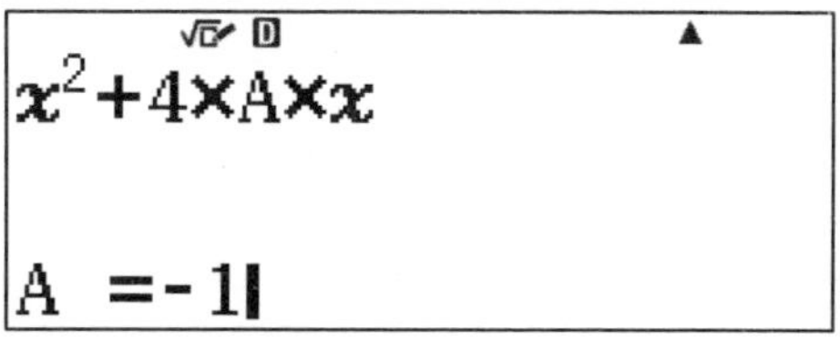


Vir berechnen $x^2 + 4 \cdot A \cdot x$ für
$= 3$ und $A = -1$.

Nach der Eingabe von $x = 3$ werden
vir aufgefordert, den Wert für A ein-
ugeben. Nachdem wir das abge-
chlossen haben, erscheint das Er-
ebnis: $3^2 + 4 \cdot (-1) \cdot 3 = -3$ .

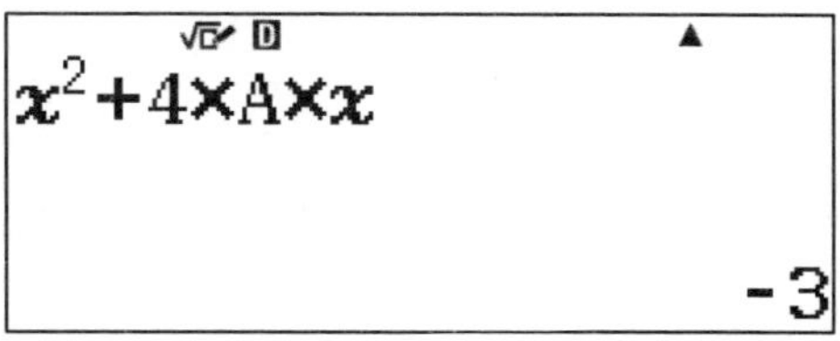

### 4.1.1 Übung - Terme

1. Berechne die folgenden Terme für die angegebenen Variablen!

   a) $x^2 + 2x - 12, x = 5$ b) $A \cdot e^{Bx}, A = 5, B = -0{,}5, x = 2$

---

Lösungen zu diesen Aufgaben auf Seite 92

## 4.2 Gleichungen und Gleichungssysteme

Gleichungen und Gleichungssysteme können über das **Hauptmenü: A:Gleichung/Funkt** eingegeben und gelöst werden.
Hierzu blättert man mit den Pfeiltasten nach unten oder drückt ALPHA (–) wenn man sich im Hauptmenü befindet für den Buchstaben **A**.

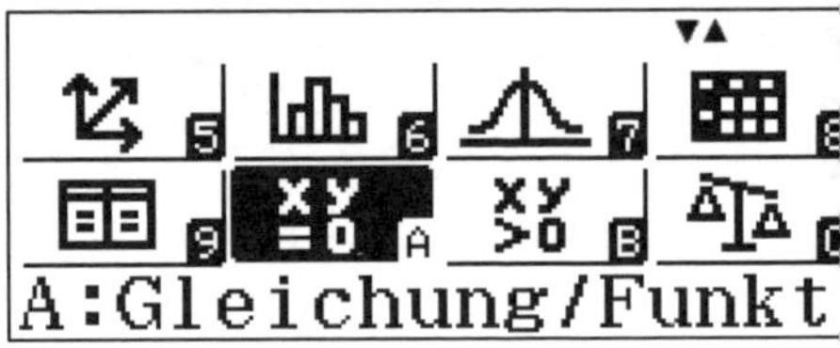


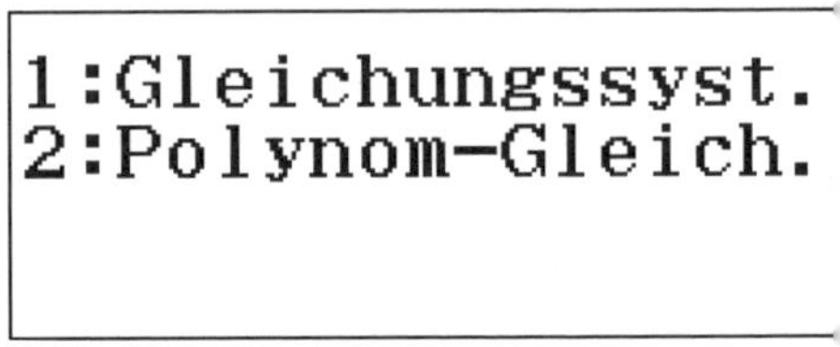


**1:Gleichungssyst.** steht für die Eingabe von 2 Gleichungen mit 2 Unbekannten, 3 Gleichungen mit 3 Unbekannten oder 4 Gleichungen mit 4 Unbekannten.

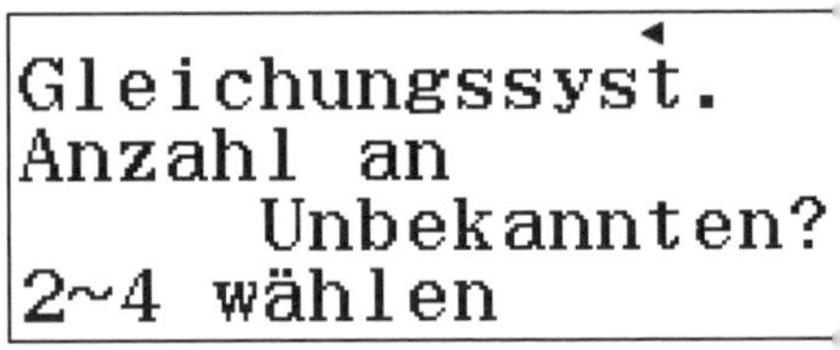


**2:Polynom-Gleichung** steht für eine Gleichung in der Form:

$$a \cdot x^2 + b \cdot x + c = 0$$

Gleichungen können bis zum maximalen Grad 4, d. h.

$$a \cdot x^4 + b \cdot x^3 + c \cdot x^2 + d \cdot x + e = 0$$

eingegeben werden.

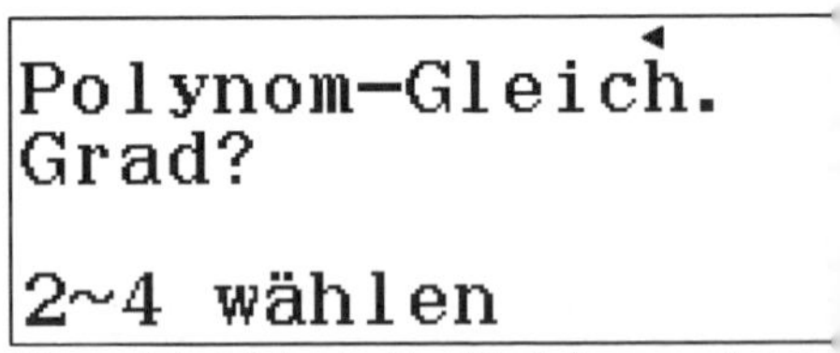


**Beachte!** Liegt die Gleichung nicht in der hier genannten Form vor, muss sie zunächst umgeformt werden, um anschließend die Paramete eingeben zu können!

## 4.2.1 Quadratische Gleichungen

Die quadratische Gleichung

$$4x^2 - 16x + 12 = -4$$

soll gelöst werden. Hierzu müssen wir – 4 von der linken Seite nach rechts bringen. Durch Umformung lautet die Gleichung dann:

$$4x^2 - 16x + 16 = 0$$

Jetzt können wir die Parameter $a = 4, b = -16, c = 16$ eingeben.

Wir geben die Parameter ein und schließen immer mit der Taste = ab.

Es erscheint die Lösung $x = 2$.

In unserem Beispiel ist das die einzige Lösung, denn die linke Seite der Gleichung lässt sich umformen in $4 \cdot (x^2 - 4x + 4) = 4 \cdot (x - 2)^2$.

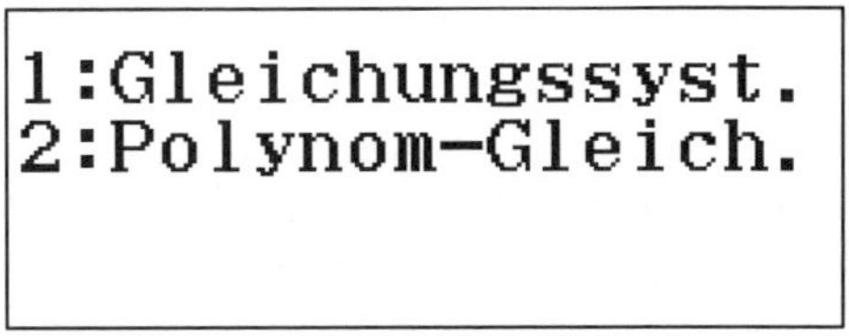


Wähle 2: Polynom-Gleich.

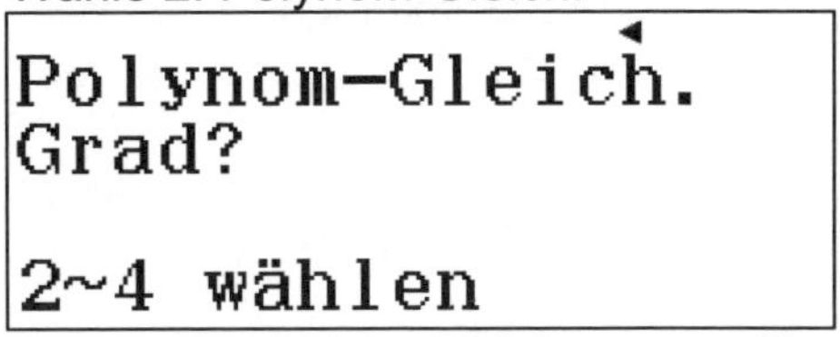


Bei quadratischen Gleichungen wählen wir Grad 2.

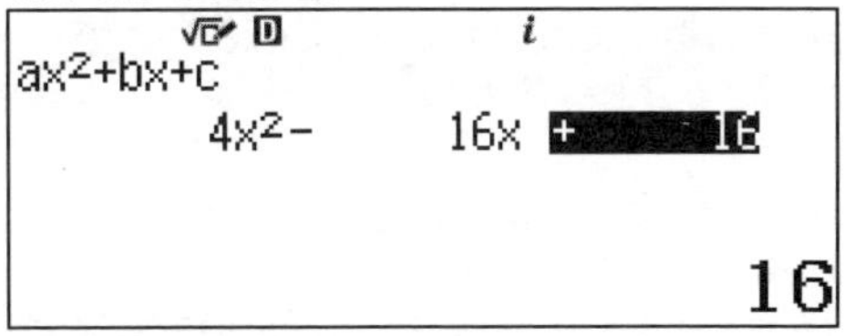


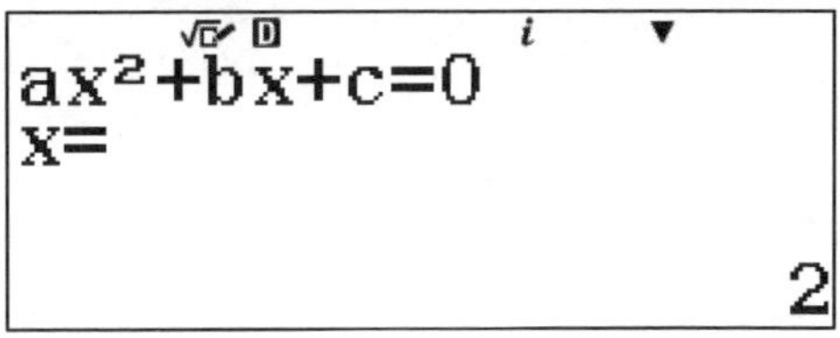


**Quadratische Gleichung mit 2 Lösungen**

Wir geben die Parameter für die folgende Gleichung ein:

$x^2 - 5x + 6 = 0,$
$a = 1, b = -5, c = 6$

Es wird zunächst die 1. Lösung angezeigt, $x_1 = 3$. Wir drücken die Taste =, es erscheint die 2. Lösung $x_2 = 2$.

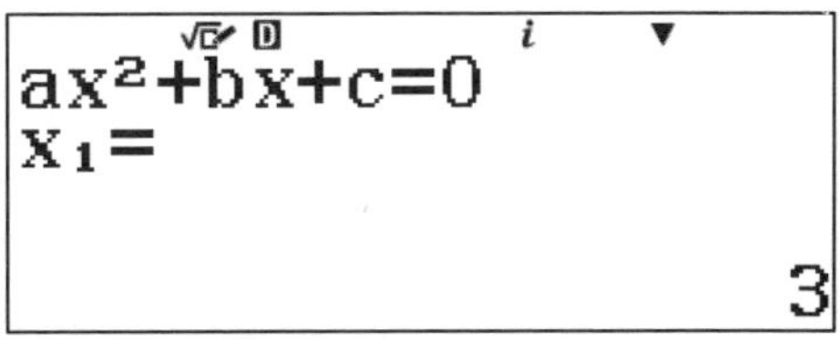


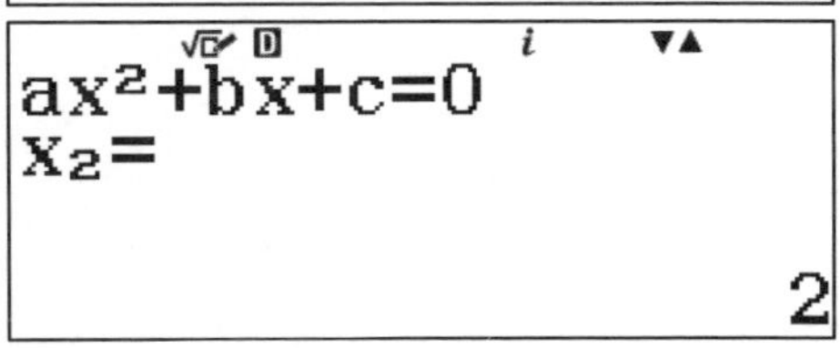

### 4.2.2 Gleichungssysteme

**Eindeutige Lösung**

Wir wechseln in das Menü für Gleichungssysteme und wählen hier als Anzahl von Unbekannten 3.

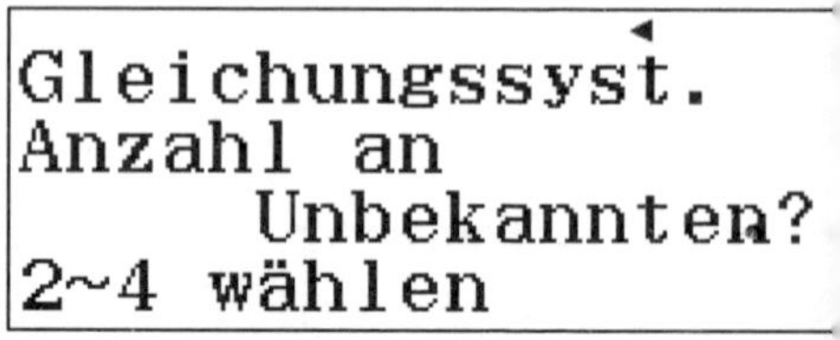


Wir lösen ein Gleichungssystem mit 3 Unbekannten.

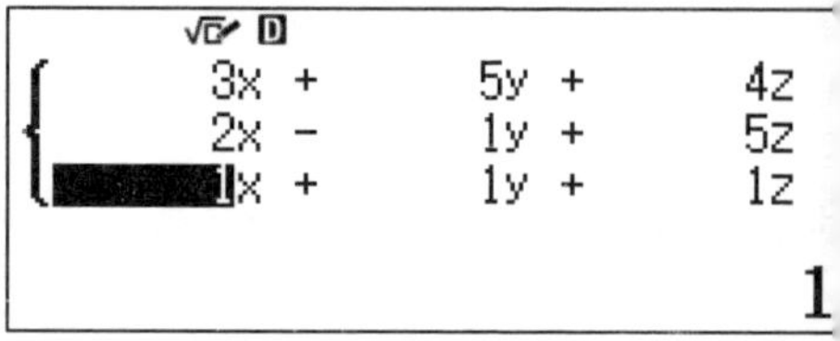


(1) $3 \cdot x + 5 \cdot y + 4 \cdot z = 10$
(2) $2 \cdot x - y + 5 \cdot z = -9$
(3) $x + y + z = 3$

Hierzu geben wir alle Parameter nacheinander ein und schließen jeweils mit der Taste ▮ ab.

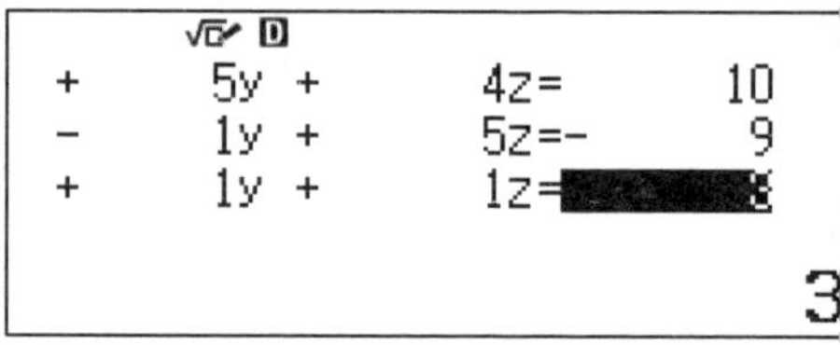


**Achtung!** Im Display erscheinen zunächst nur die Parameter für $x, y, z$. Erst anschließend nach Eingabe von z verschiebt sich der Bildschirm (siehe Abbildung)!

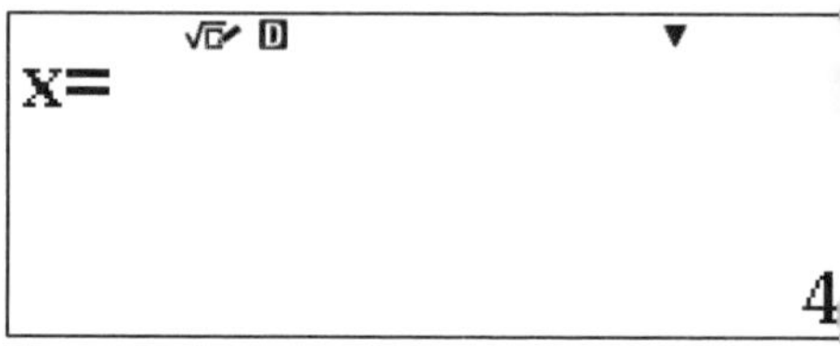


Nach der letzten Eingabe erscheint die erste Lösung, durch eine weitere Eingabe die zweite und ebenso die dritte Lösung.

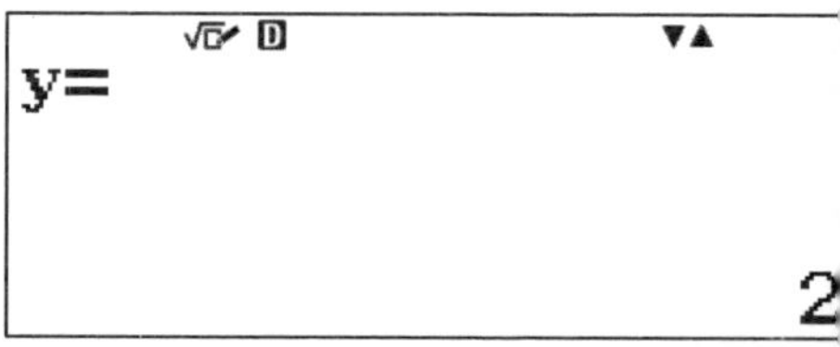


In unserem Beispiel:
$x = 4, y = 2, z = -3$.

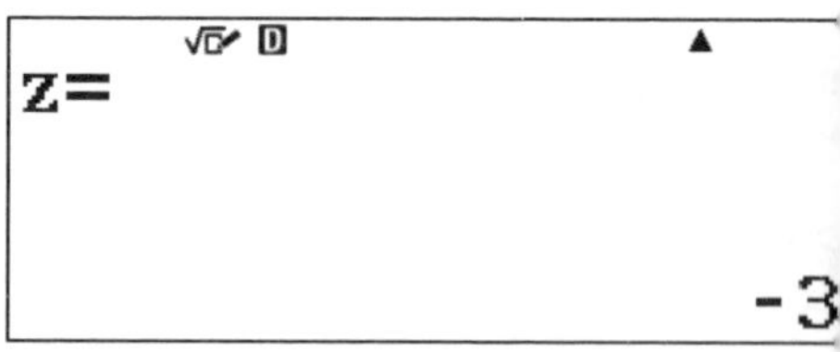

**Keine Lösung**

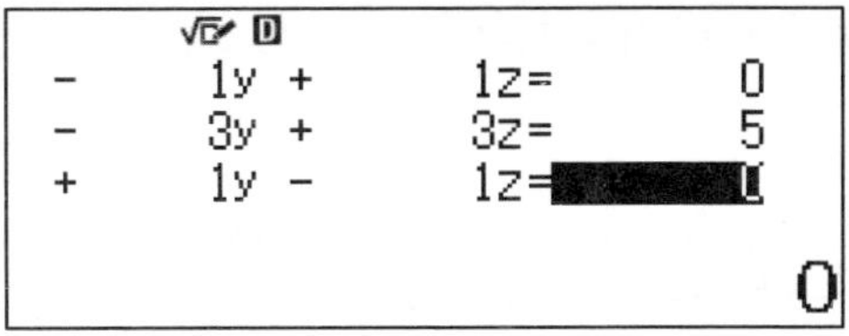


Probiere es mit dem folgenden Gleichungssystem auf die gleiche Art:

(1) $4 \cdot x - y + z = 0$
(2) $3 \cdot x - 3 \cdot y + 3 \cdot z = 5$
(3) $-x + y - z = 0$

Wenn alle Parameter korrekt eingegeben wurden, sollte der Rechner anzeigen, dass es keine Lösung gibt.

**Unendlich viele Lösungen**

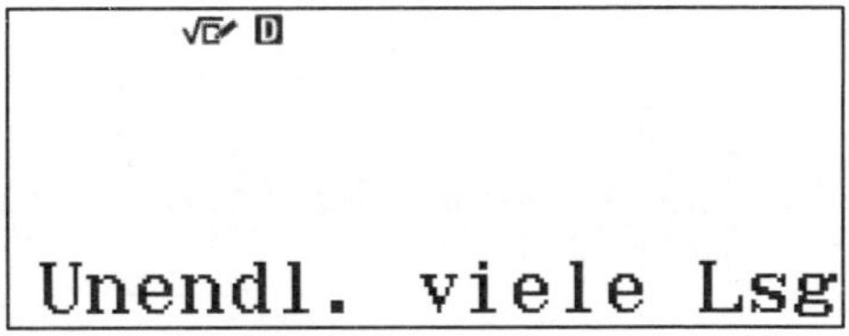


Manche Gleichungssysteme besitzen unendlich viele Lösungen. In diesem Falle wird auch das vom System angezeigt.

### 4.2.3 Übungen – Gleichungen und Gleichungssysteme

1. Löse die folgenden quadratischen Gleichungen

   a) $x^2 + 10x + 24 = 0$ b) $x^2 + 8x + 20 = 4$

2. Löse die folgenden Gleichungssysteme

   a)
   (I) $2x + 3y = 14$
   (II) $x - 3y = 10$

   b)
   (I) $2x - 2y + 4z = 5$
   (II) $6x - 4z = 20$
   (III) $x - 2y = 39$

---

Lösungen zu diesen Aufgaben auf Seite 93

## 4.3 Ungleichungen

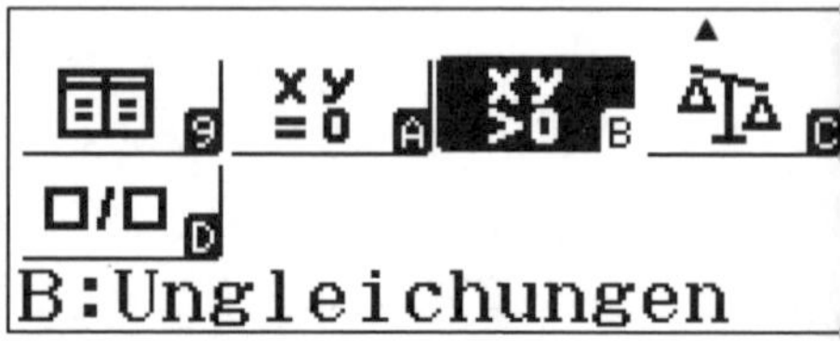


Auch wenn Ungleichungen vielleicht zum Menü Gleichungen und Gleichungssysteme gepasst hätte, gibt es hierfür einen eigenen Punkt im **Hauptmenü: B:Ungleichungen**. Diesen Punkt erreichen wir durch Blättern oder mit [ALPHA] [°’’’].

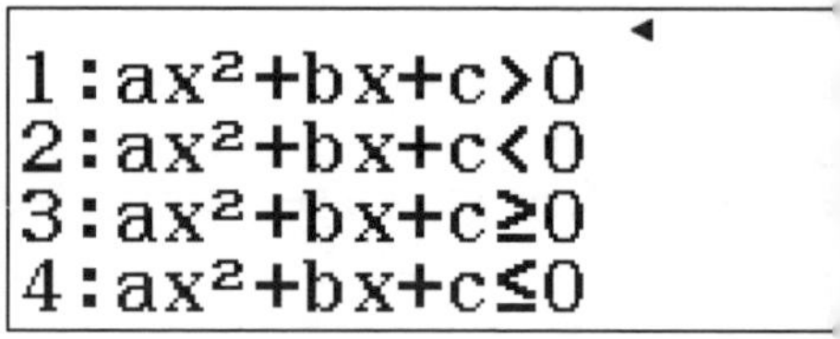


Hier können wir Polynom-ungleichungen vom Grad 2 bis 4 lösen. Die Vorgehensweise ist analog zu den Polynomgleichungen.
**Man muss jedoch noch den Typ der Ungleichung auswählen:** größer, kleiner, größer gleich oder kleiner gleich Null.

### 4.3.1 Übung – Ungleichungen

1. Löse die folgenden quadratischen Ungleichungen

   a) $x^2 + 17x + 30 > 0$ b) $x^2 + 8x + 20 \leq 4$

Lösungen zu diesen Aufgaben auf Seite 93

# 5 Funktionen

## 5.1 Funktionswerte an einer Stelle x bestimmen

In Abschnitt 3.1 haben wir bereits Terme für einen bestimmten Wert berechnet. Zur Berechnung eines einzelnen Funktionswerts gehen wir analog vor.

Wir berechnen den Funktionswert der Funktion $f(x) = x^2 - 8x + 5$ an der Stelle $x = -2{,}5$.

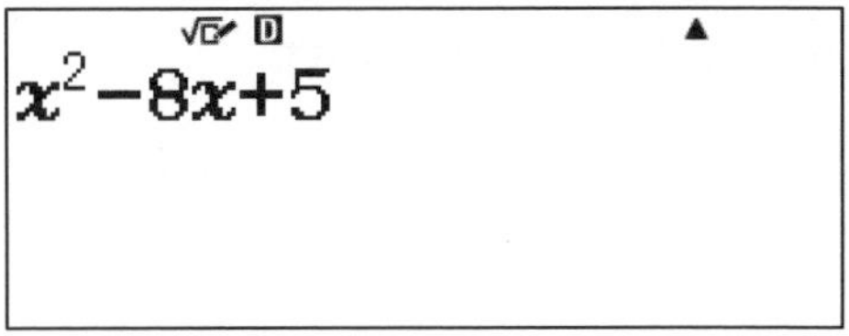


Wir gehen ins Berechnungsfenster im **Hauptmenü: 1:Berechnungen**. Hier geben wir den Term für die Funktion ein. Mit der Taste **CALC** geben wir den Wert - 2,5 ein und schließen mit der Taste = ab.

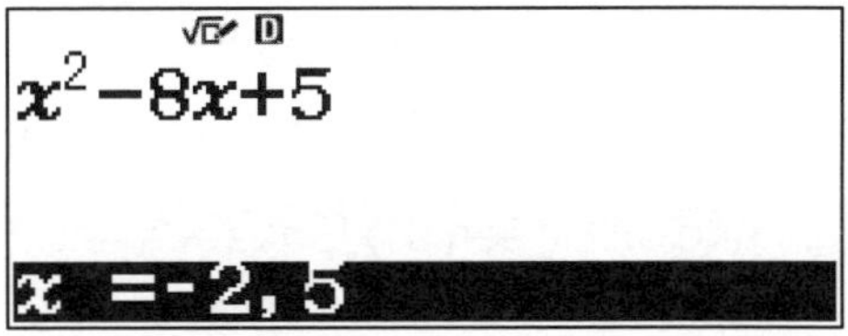


Das Ergebnis lautet $f(x) = 31{,}25$.

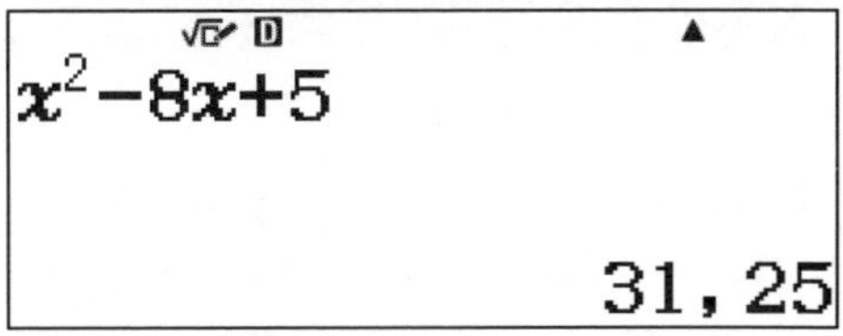


Drücken wir noch einmal **CALC**, können wir weitere Werte für x einsetzen. Im Beispiel rechts $x = 2$.

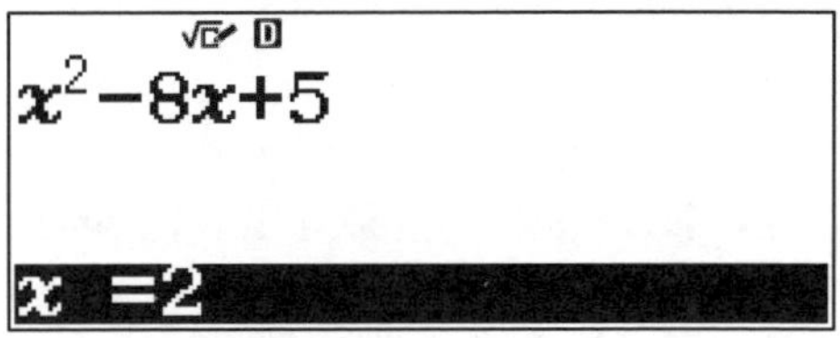


Der Funktionswert lautet $f(x) = -7$.

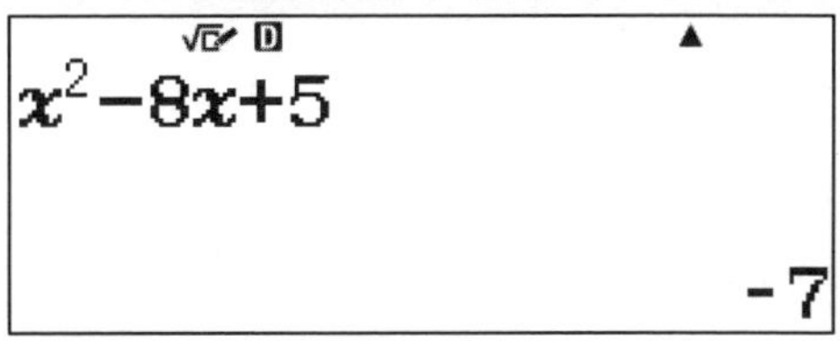


**Übungen hierzu siehe: 4.1.1 Übung – Terme.**

## 5.2 Funktionswerte in Wertetabelle darstellen

Mit dem Rechner können Werte-tabellen von zwei Funktionen gleichzeitig dargestellt werden. Wertetabellen geben wir ein über das **Hauptmenü: 9:Tabellen**.

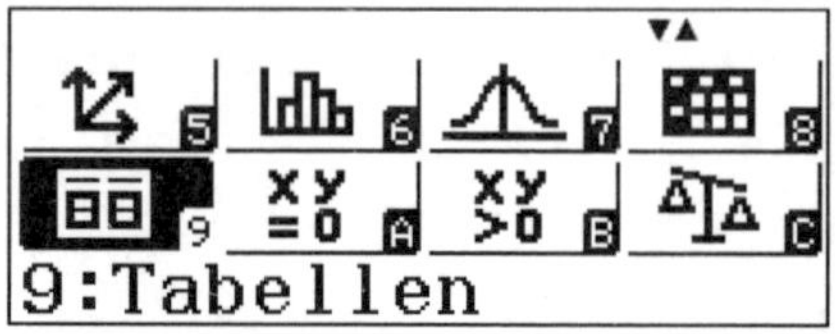


Es erscheint „$f(x) =$“ um den Funktionsterm der ersten Funktion einzugeben.

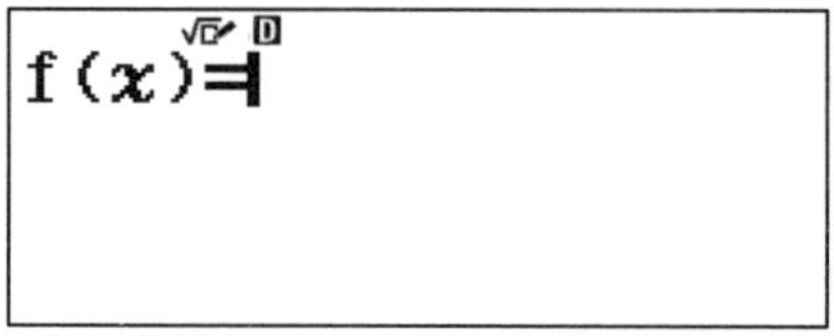


Wir geben den Funktionsterm

$$f(x) = x^4 + 2x^2 - 3x + 2$$

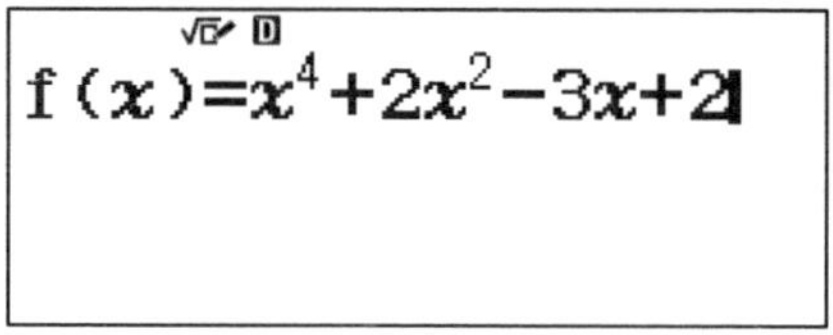


ein und schließen die Eingaben mit der Taste ▮ ab. Jetzt werden wir aufgefordert, den zweiten Funktionsterm $g(x)$ einzugeben.

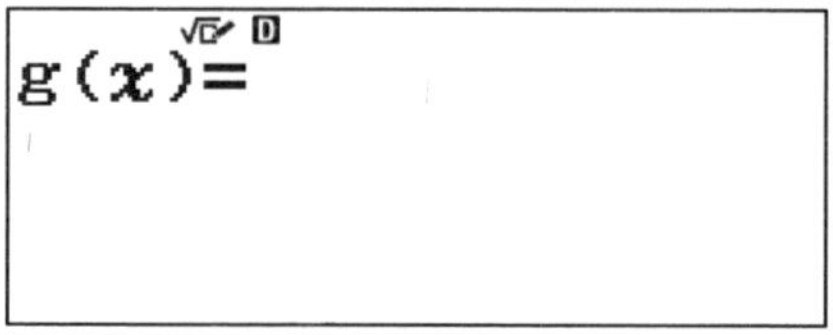


**Im Setup** kann man einstellen, ob generell eine oder zwei Funktionen eingegeben werden können!

Wenn wir die 2. Funktion nicht benötigen, schießen wir direkt mit der Taste ▮ ab. Im nächsten Schritt wird der Wertebereich abgefragt, wir wählen:

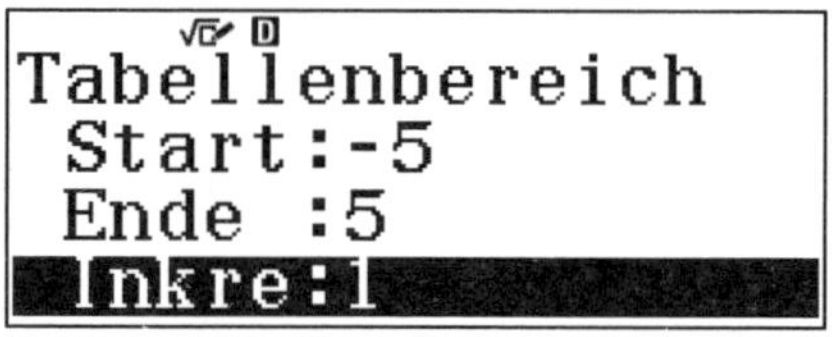


Startwert, **Start: -5**

Endwert, **Ende: 5**

Schrittweite, **Inkre: 1**

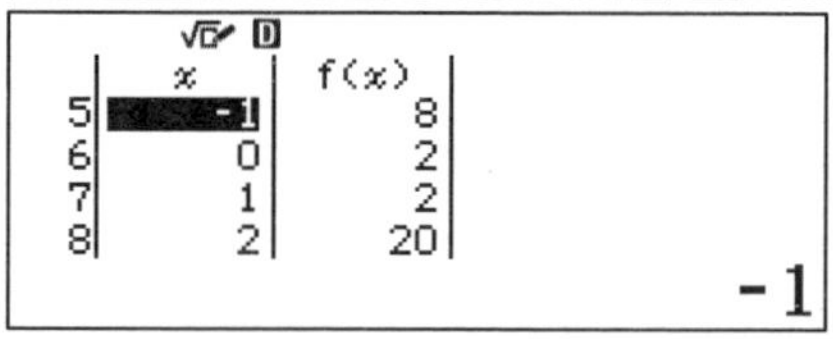


Mit den Pfeiltasten können wir durch die Tabelle blättern. **Am Ende der Tabelle können wir durch ein weiteres Blättern zusätzliche Funktionswerte eingeben!**

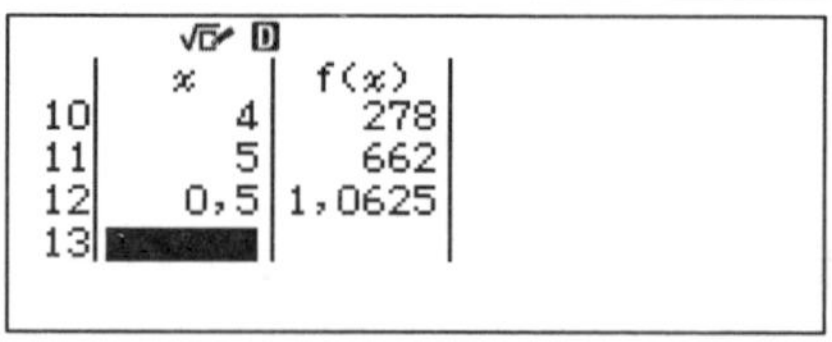

## 5.2.1 Übung – Funktionswerte in Wertetabelle darstellen

1. Stelle die folgenden Werte, die zu der Funktion $f(x) = 5 \cdot x^2$ gehören, in einer Tabelle dar und visualisiere das Ergebnis mit dem QR-Code Generator.

| $x$ | 0 | 1 | 2 | 3 | 4 | 5 |
|---|---|---|---|---|---|---|
| $f(x)$ | 0 | 5 | 20 | 45 | 80 | 125 |

Lösung zu dieser Aufgabe auf Seite 94

# 6 Wahrscheinlichkeitsrechnung / Statistik

## 6.1 Stichproben / Mittelwert / Standardabweichung

Wir wählen im **Hauptmenü:**
**6:Statistik** aus.

Zur Eingabe einer Liste von Werten wählen wir **1:1 Variable.**

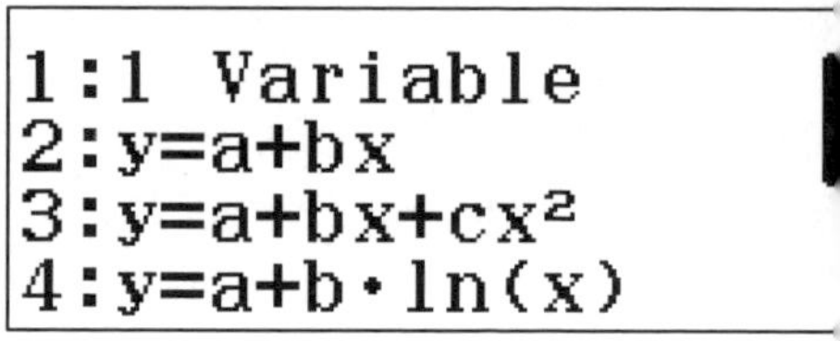


Wir wollen die folgenden Werte eingeben:

30, 29, 31, 33, 29, 30, 30, 32, 29

und anschließend die statistischen Kennwerte berechnen.

Die Eingabe schließen wir ab, indem wir nun **OPTN** aufrufen.

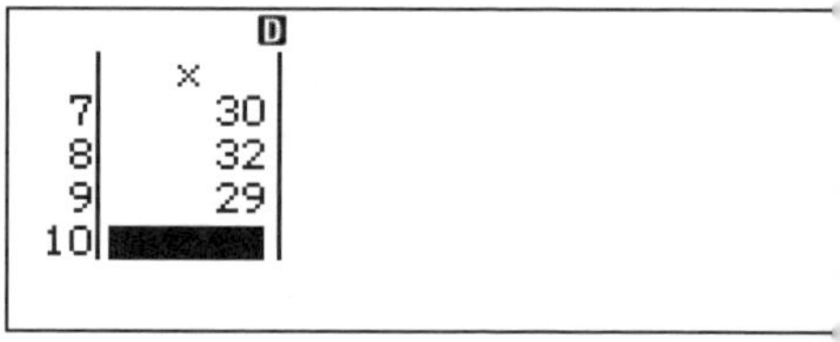


Zur Berechnung der Variablen wählen wir **3:1-Variab-Berech**.

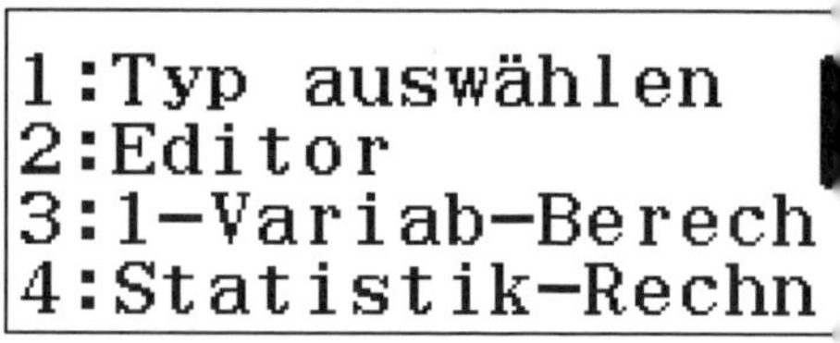


Mittelwert: $\bar{x} \approx 30{,}33$

Summe aller Werte: $\sum x = 273$

Varianz: $\sigma^2 x \approx 1{,}78$

Standardabweichung: $\sigma x \approx 1{,}33$

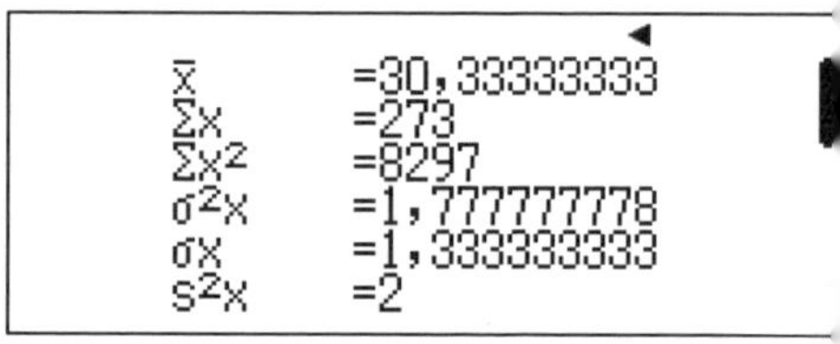


Mit der Pfeiltaste kann man nach unten blättern um weitere statistische Werte zu erhalten.

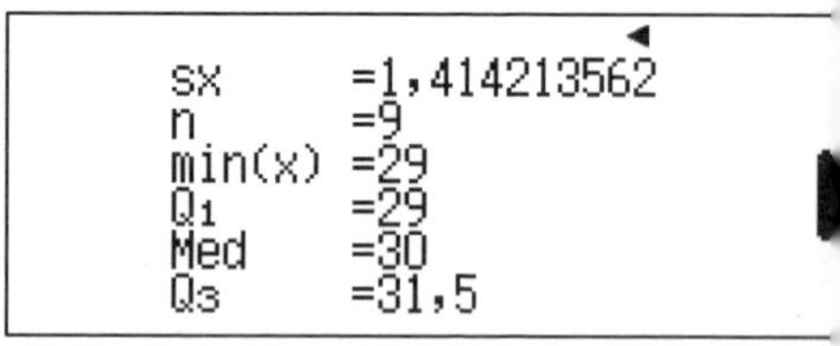

## 6.2 Relative Häufigkeiten / Wahrscheinlichkeitsverteilung

### 6.2.1 Einstellungen im SETUP

Im zweiten Fenster des SETUP finden wir den Punkt **3:Statistik**. Durch die Auswahl von **1:Ein** schalten wir die Häufigkeit ein, d. h. bei der Eingabe der Werte erscheint jetzt eine zusätzliche Spalte zur Eingabe der Häufigkeit:

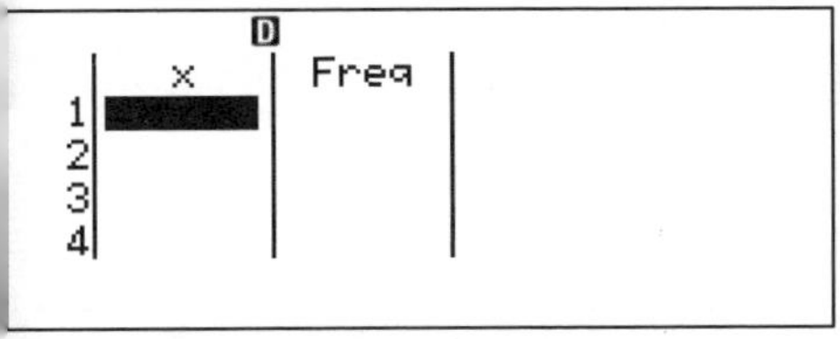


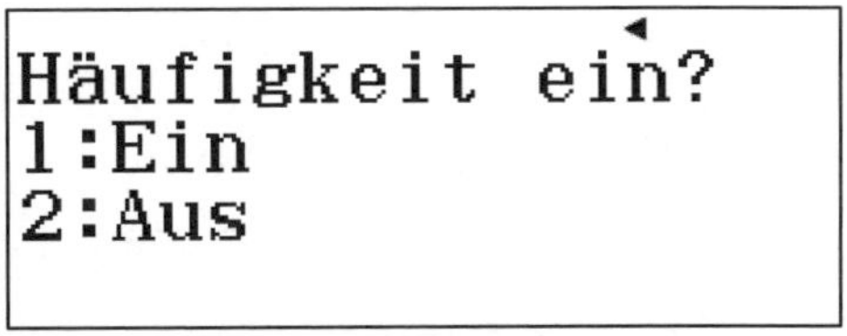


### 6.2.2 Beispielaufgabe

Die Zufallsgröße X gibt den Gewinn in Euro bei einem Glücksspiel mit einem Einsatz von 1,00 € an. In der Tabelle ist die Wahrscheinlichkeits-verteilung dargestellt.

| **Gewinn** | -1 | 0 | 1 | 4 |
|---|---|---|---|---|
| **P(X)** | 0,6 | 0,2 | 0,15 | 0,05 |

Wir berechnen den Erwartungswert und die Standardabweichung:

Über **Hauptmenü: 6:Statistik** rufen wir **1:1 Variable** auf.

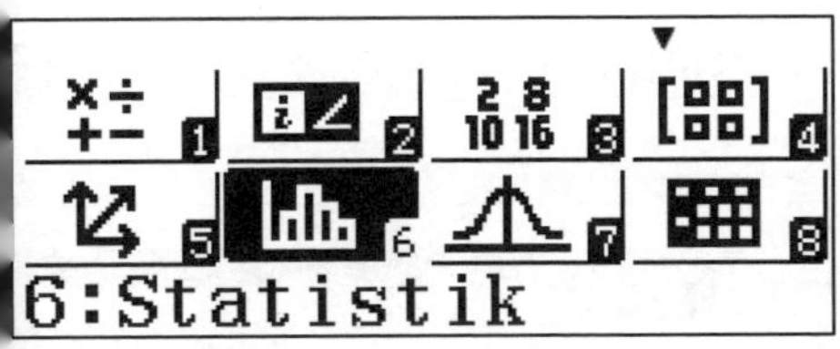


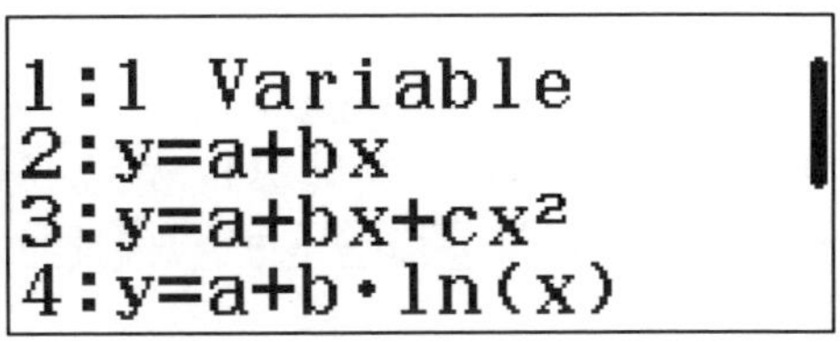

Jetzt geben wir die Werte und Häufigkeiten ein.

Die Eingabe schließen wir ab, indem wir nun **OPTN** aufrufen.

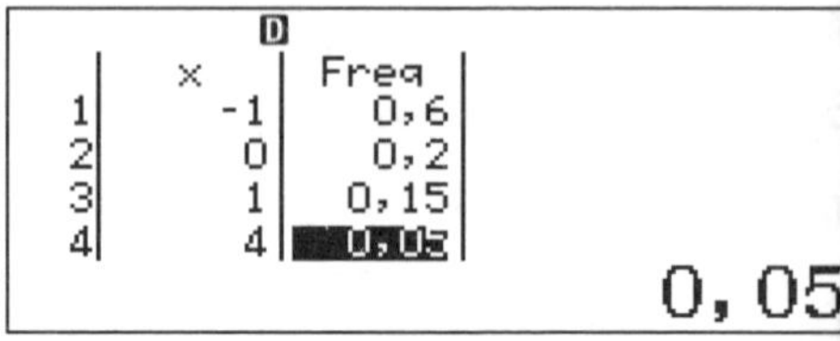


Zur Berechnung der Variablen wählen wir **3:1-Variab-Berech**.

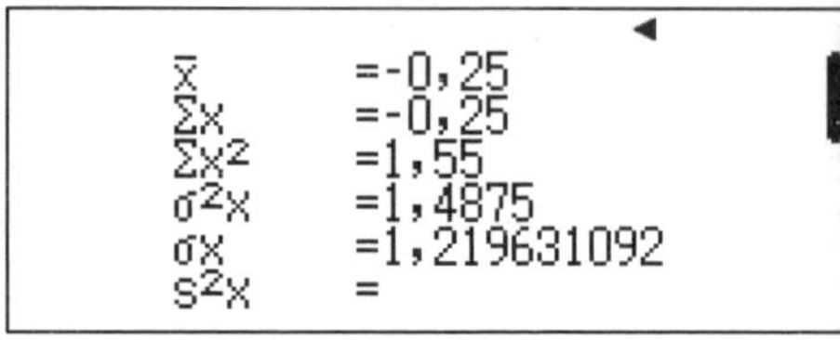


## 6.3 Würfelspiel simulieren

Wir simulieren 40-maliges Werfen eines Würfels mit 6 Seiten.

Wir wählen im **Hauptmenü: 8:Tabellenkalk.** aus.

Jetzt drücken wir [OPTN] [2]

um die Tabelle mit Werten zu füllen.

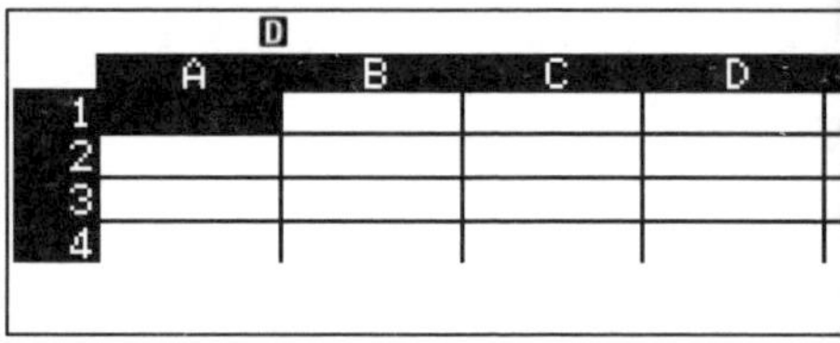


Als Werte geben wir Zufallszahlen zwischen 1 und 6 ein:

[ALPHA] [,] [1] [SHIFT] [)] [6] [)] [=]

Als Bereich zur Eingabe in die Tabelle den Bereich von A1 bis A40:

[ALPHA] [(−)] [1] [ALPHA] [x²] [ALPHA] [(−)] [4] [0] [=]

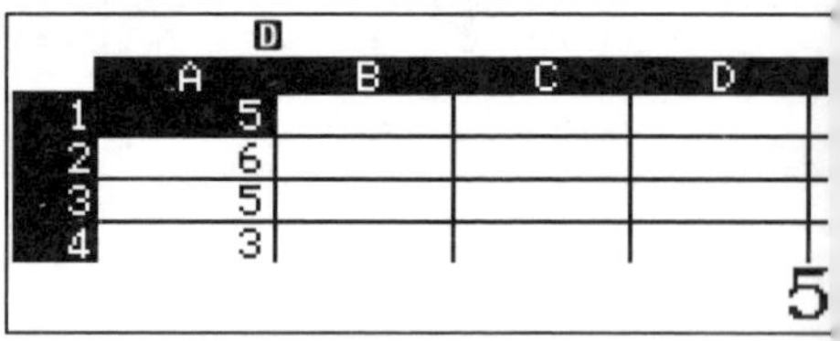


Ergebnis mit QR-Code visualisieren:

# 6.4 Kombinatorik

## 6.4.1 Fakultät

### Anzahl möglicher Kombinationen

Bei einem Pferderennen mit 12 Pferden gibt es **12!** Möglichkeiten der Einlaufreihenfolge. Die Funktion Fakultät erhalten wir mit der Tastenkombination: [SHIFT] [$x^{-1}$]

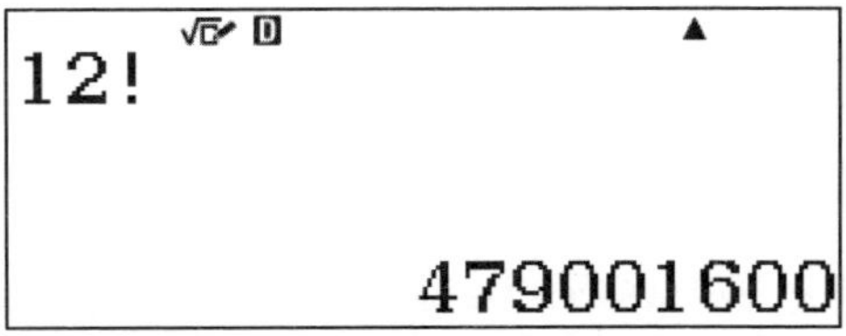


[1] [2] [SHIFT] [$x^{-1}$] [=]

## 6.4.2 Ziehen aus einer Urne ohne Zurücklegen mit Beachtung der Reihenfolge

Zieht man aus einer Urne mit n verschiedenen Kugeln r Kugeln ohne Zurücklegen, so gibt es $\frac{n!}{(n-r)!}$ Möglichkeiten.

Wir ziehen 6 Kugeln aus 49.

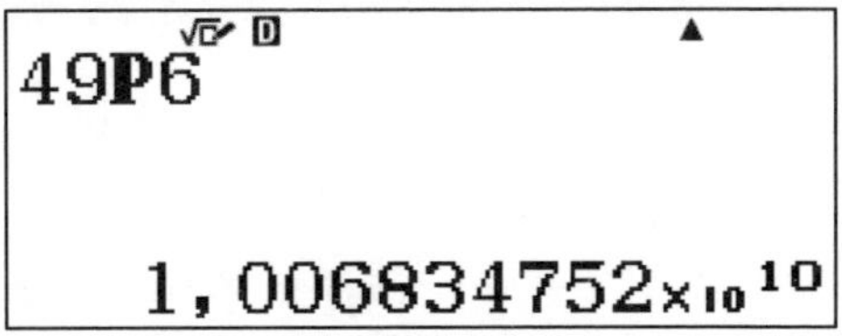


[4] [9] [SHIFT] [×] [6] [=]

## 6.4.3 Ziehen aus einer Urne ohne Zurücklegen ohne Reihenfolge

Zieht man aus einer Urne mit n verschiedenen Kugeln r Kugeln ohne Beachtung der Reihenfolge, so gibt es $\frac{n!}{r!\cdot(n-r)!}$ Möglichkeiten.

Wir ziehen 6 Kugeln aus 49, ohne Beachtung der Reihenfolge.

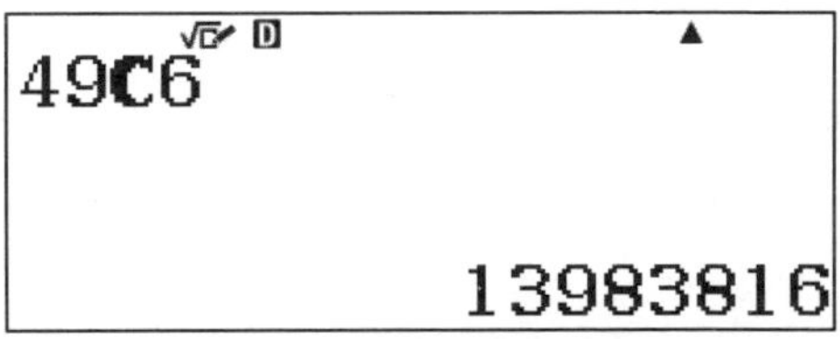


[4] [9] [SHIFT] [÷] [6] [=]

## 6.5 Binomialverteilung

### 6.5.1 Bernoulli-Experiment, Wahrscheinlichkeitsverteilung

$$P(k) = \binom{n}{k} \cdot p^k \cdot (1-p)^{n-k}$$

Die Formel für eine Binomialverteilung ist im Rechner hinterlegt.

Ein Werkstück hat bei einer einzelnen Prüfung einen Fehler mit einer Wahrscheinlichkeit von 0,1 %. Die Prüfung wird 100-mal durchgeführt. Die Wahrscheinlichkeit, genau *k* fehlerhafte Werkstücke zu finden ist $P(k)$.

Wir starten im **Hauptmenü: 7:Verteilungsfkt**. und wählen dann **4:Binomial-Dichte**.

Für einen einzelnen Wert wählen wir **2:Variable**, für eine Verteilung **1:Liste.**

$p = 0{,}1$

$n = 100$

$k = 10$

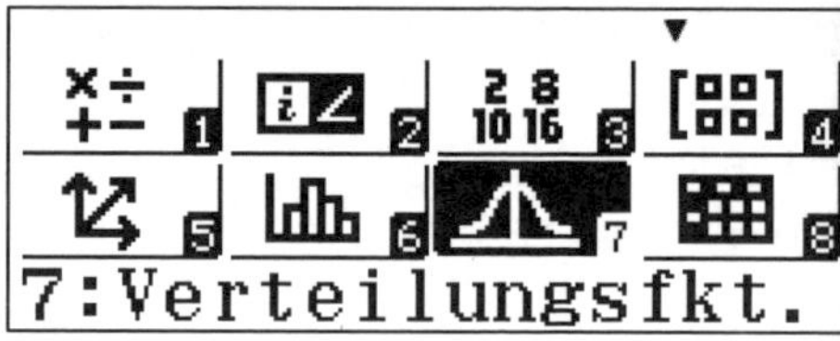


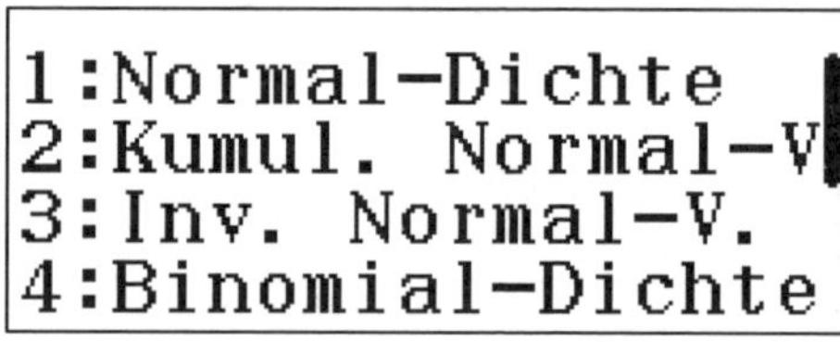


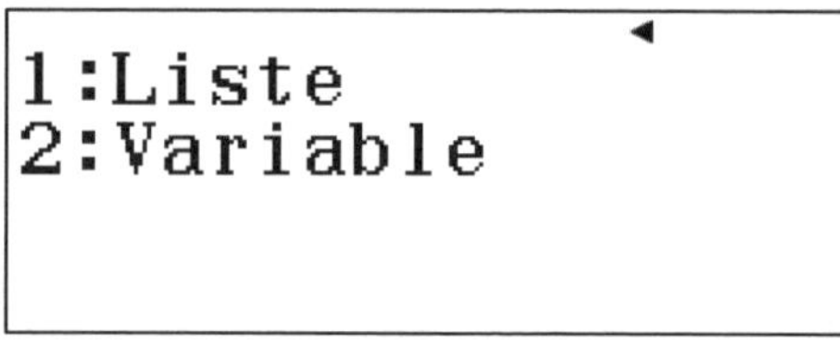


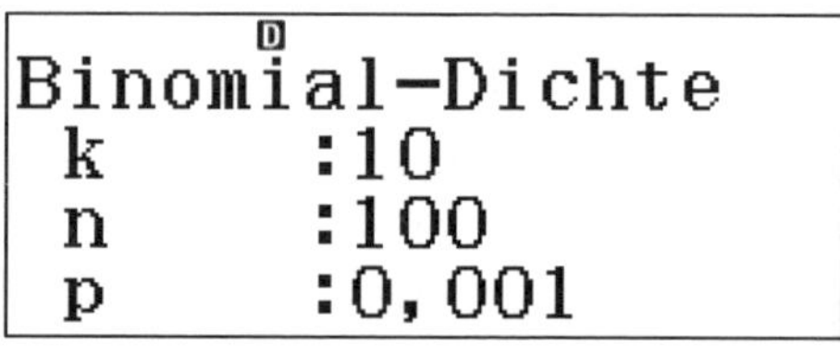


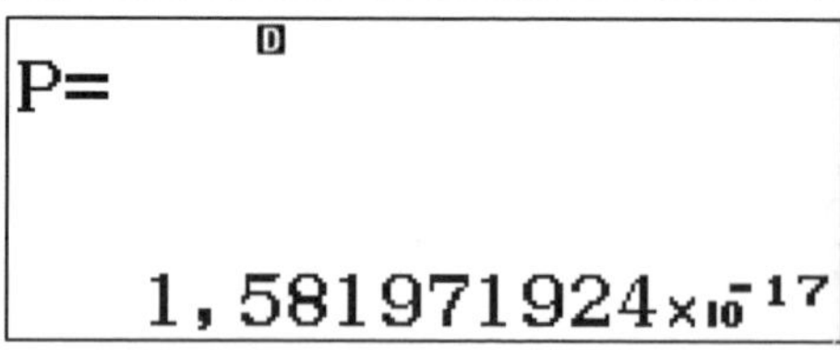

## 6.5.2 Kumulierte Binomialverteilung

Berechne die kumulierte Binomialverteilung für:

$$n = 10, k = 5, p = 0{,}3$$

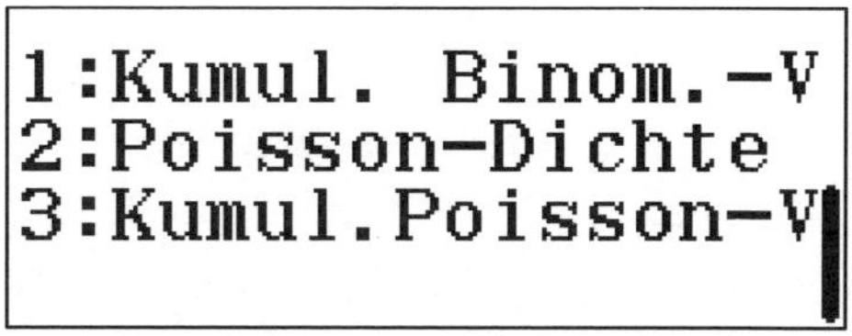


Wir blättern im Menü nach unten und wählen **1:Kumul. Binom.-V**

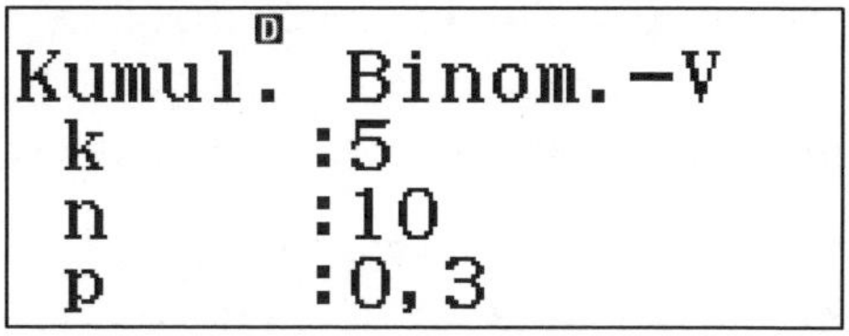


Hier geben wir die Parameter ein.

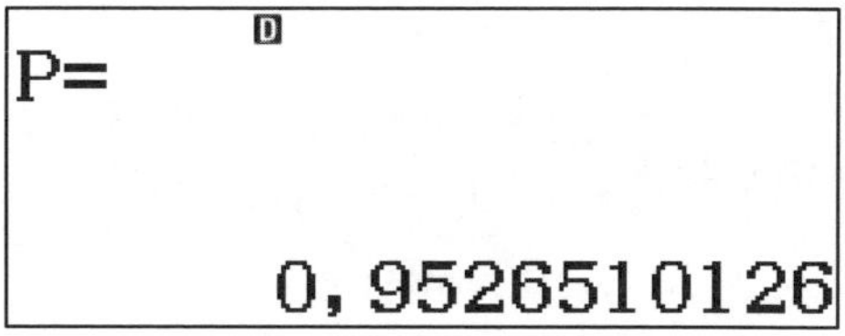


Die Wahrscheinlichkeit, dass bei 10 Werkstücken 0 .. 5 fehlerhaft sind, wenn die Wahrscheinlichkeit für ein einzelnes Werkstück 30 % beträgt liegt bei etwa 95 %.

Zu dieser Aufgabe kann passend die grafische Darstellung per QR-Code abgerufen werden.

1/1

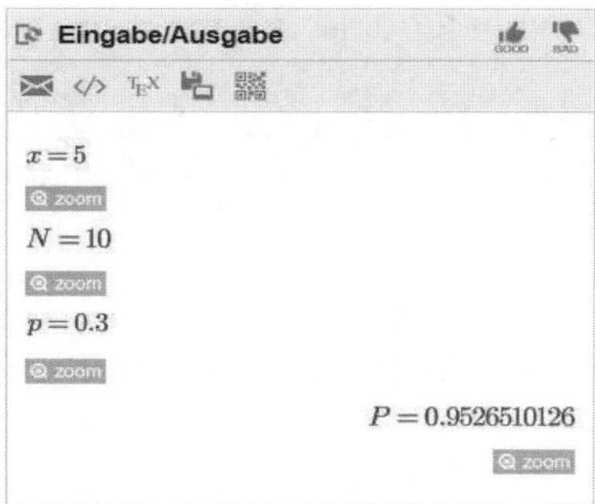


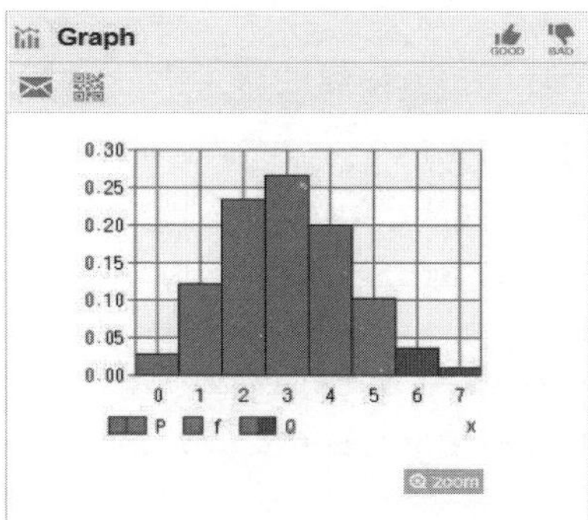

# 7 Analysis

## 7.1 Regression

### 7.1.1 Lineare Regression

Aus zwei Punkten kann man eine Geradengleichung oder lineare Funktionsgleichung bestimmen. Bei Messreihen in der Physik muss manchmal ebenso eine Gerade durch mehr als 2 Punkte gelegt werden. In diesem Fall liegt die Gerade nicht auf allen Punkten, sondern stellt eine „Bestgerade“ dar. Beide Fälle werden wir hier betrachten.

Wir bestimmen die Geraden-gleichung der Geraden durch die Punkte **A (1|1)** und **B (7|4)**.

Wir wählen **6:Statistik** im **Hauptmenü** und

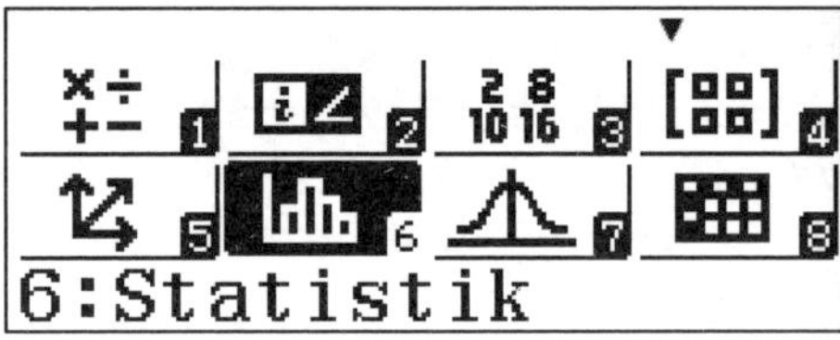


**2:y=a+bx**.

Das steht für eine lineare Funktion.

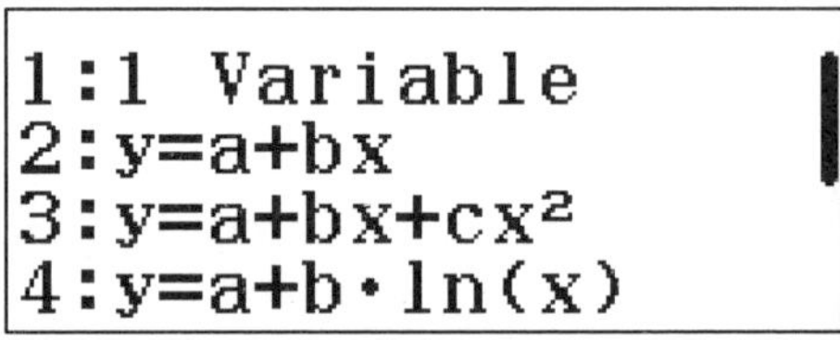


In der anschließend erscheinenden Tabelle geben wir die zwei Punkte mit ihren x- und y-Werten ein.

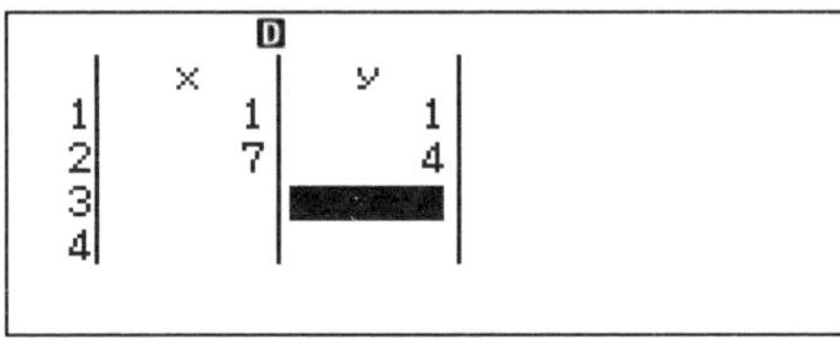


Zur weiteren Bearbeitung drücken wir

OPTN 4

für die Regression.

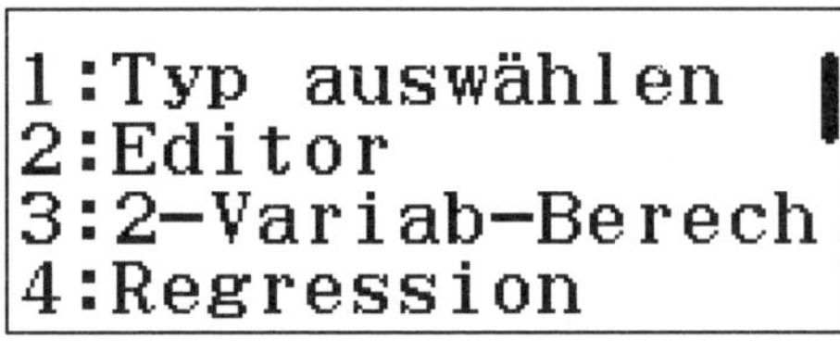


Als Ergebnis erhalten wir:

a= 0,5 und b=0,5

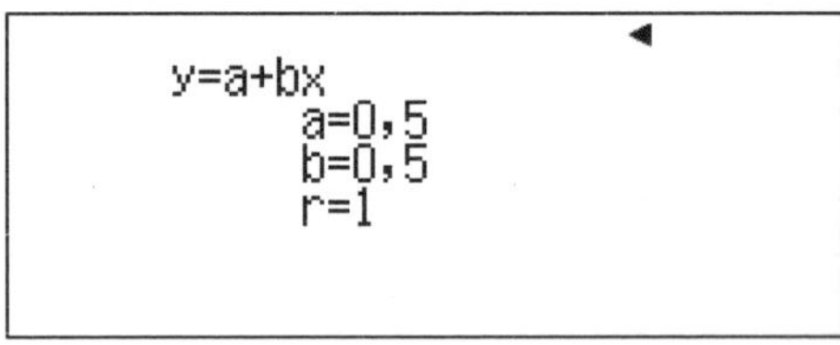


Die Gleichung der gesuchten Funktion lautet somit $f(x) = \frac{1}{2}x + \frac{1}{2}$.

Das Ergebnis einer Regression können wir per QR-Code visualisieren. Hierzu sollten wir uns in der Tabellenansicht befinden und **SHIFT** **OPTN** für den QR-Code drücken.

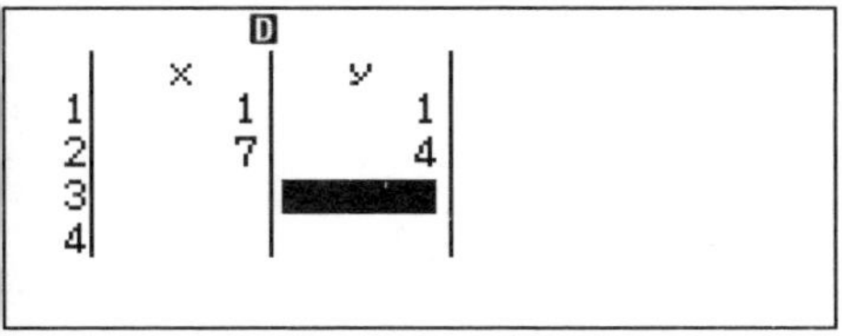


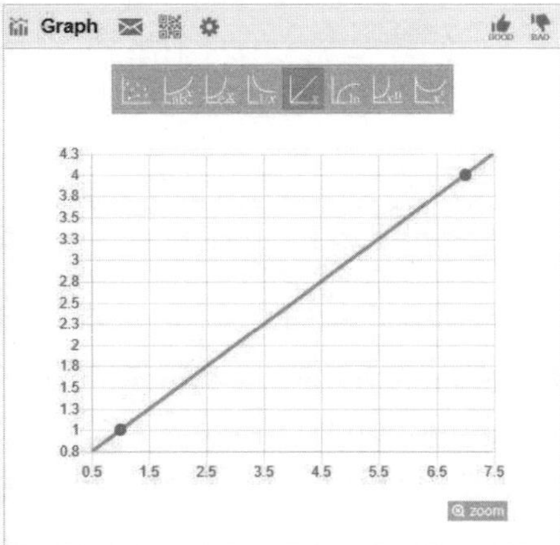


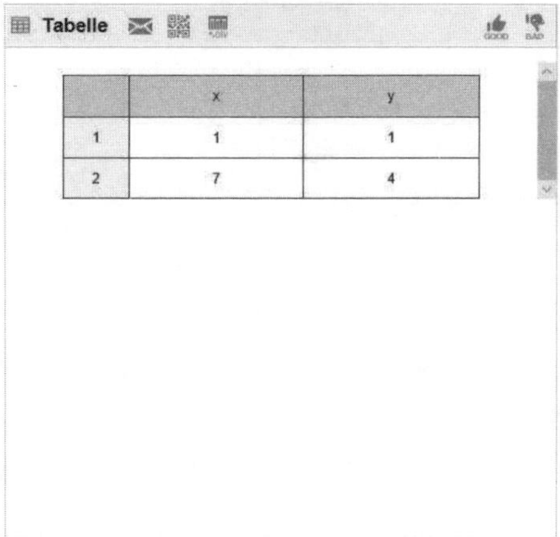

### 7.1.2 Messreihe eines linearen Zusammenhangs darstellen

In der Physik messen wir verschiedene Spannungen und Stromstärken an einem ohmschen Widerstand. Es gilt das ohmsche Gesetz: $U = R \cdot I$ .

Wir nehmen folgende Wertetabelle auf und bestimmen den Widerstand R aus diesen Messwerten.

| I (=x) [A] | 0 | 0,012 | 0,026 | 0,039 | 0,053 |
|---|---|---|---|---|---|
| U (=y) [V] | 0 | 5 | 10 | 15 | 20 |

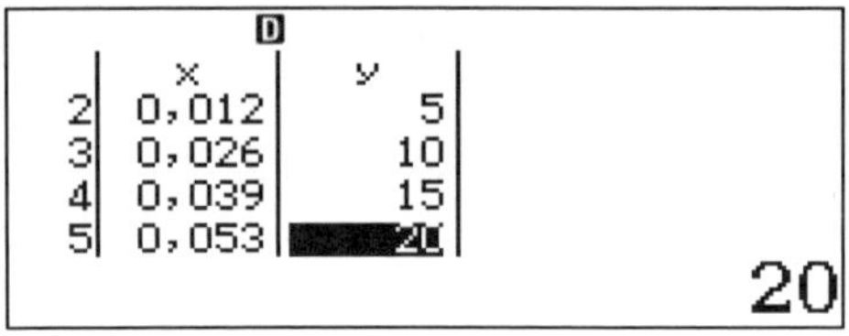


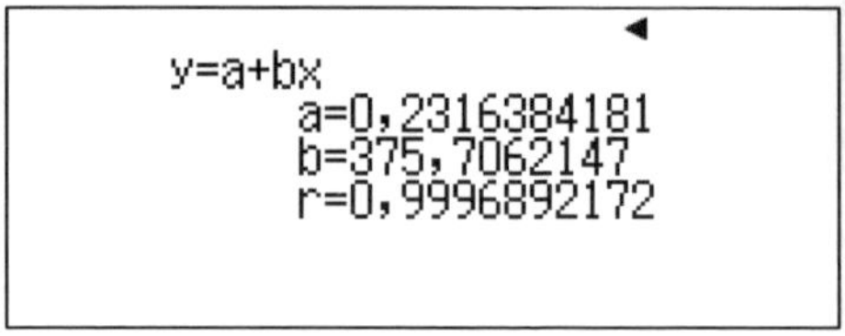


Als Ergebnis erhalten wir die Funktion: $f(x) = 375{,}7 \cdot x + 0{,}23$ .

**Den Wert 0,23 als y-Achsenabschnitt müssen wir vernachlässigen, da das ohmsche Gesetz eine proportionale Funktion ist und der y-Achsenabschnitt Null ist. Der Widerstand aus unserer Messreihe beträgt $R \approx 375{,}7\Omega$ .**

Die Visualisierung mit dem QR-Code zeigt uns das Ergebnis anschaulich:

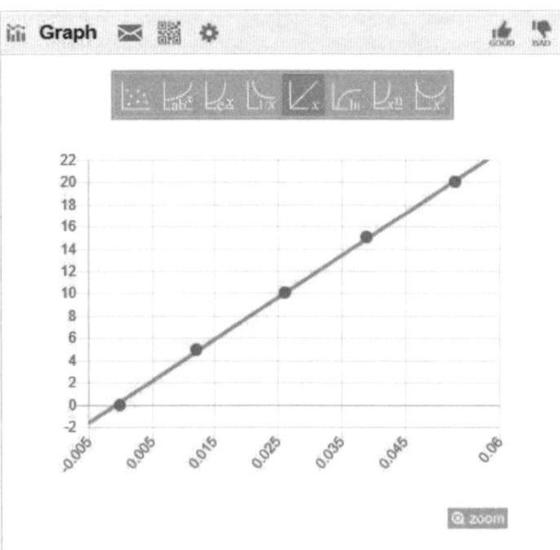


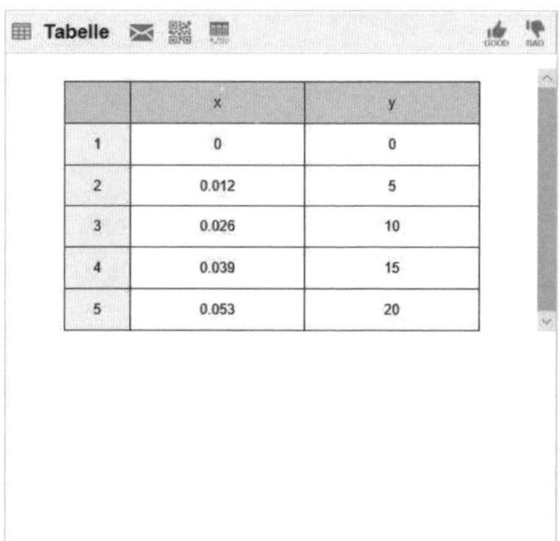


| | x | y |
|---|---|---|
| 1 | 0 | 0 |
| 2 | 0.012 | 5 |
| 3 | 0.026 | 10 |
| 4 | 0.039 | 15 |
| 5 | 0.053 | 20 |

## 7.1.3 Quadratische Regression

Um eine allgemeine quadratische Funktion $f(x) = a \cdot x^2 + b \cdot x + c$ eindeutig zu bestimmen, benötigt man mindestens 3 Punkte.

Gegeben sind die 3 Punkte

**A (2|2,5)**, **B (3|3)** und **C (5|1)**.

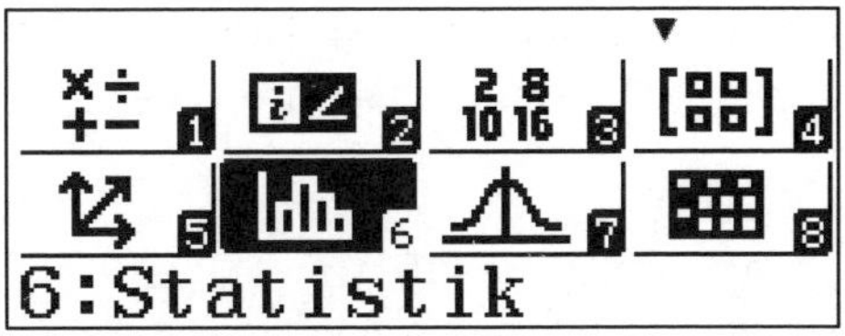


**Hauptmenü: 6:Statistik**

Wir wählen

**3:y=a+bx+cx²**

für eine allgemeine quadratische Funktion.

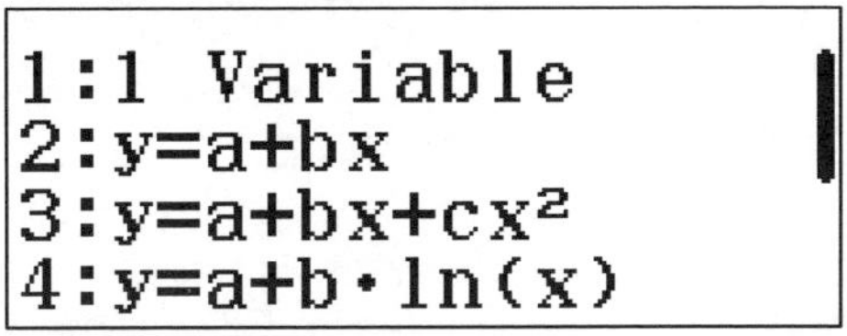


Nach Eingabe der Punkte in die Tabelle berechnen wir die Parameter mit:

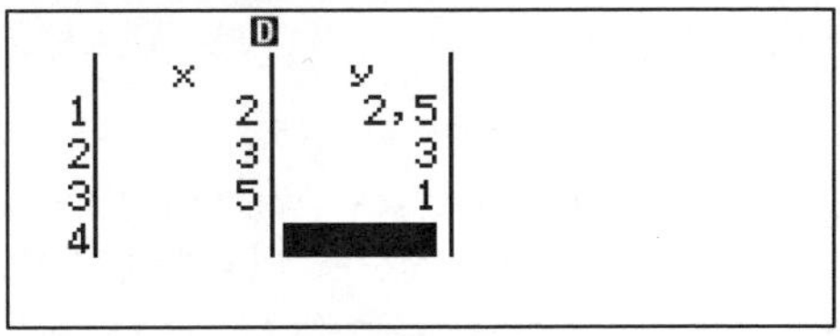


Die gesuchte quadratische Funktion lautet:

$$f(x) = -0{,}5x^2 + 3x - 1{,}5.$$

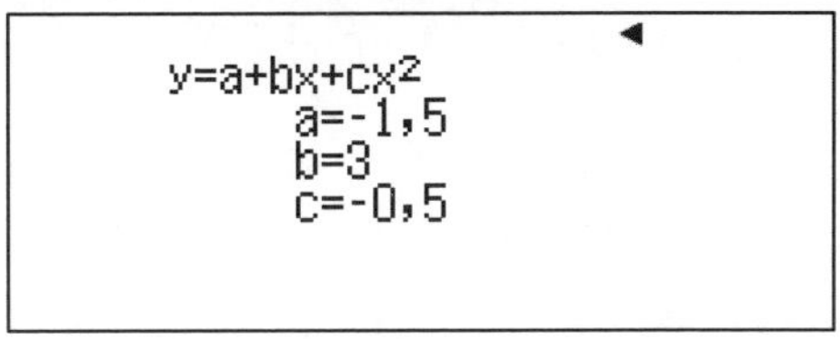


Bei dieser Art der Regressionsberechnung ist die Visualisierung per QR-Code sehr hilfreich!

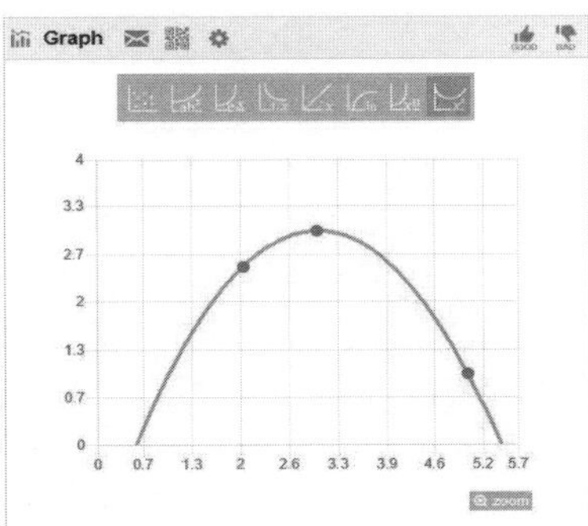


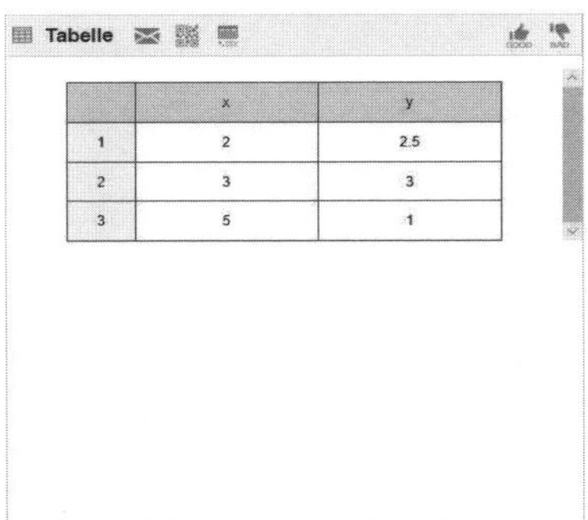

### 7.1.4 Exponentielle Regression

Eine Algenpopulation in einem See verdoppelt alle 3 Tage ihre Fläche. Zum Zeitpunkt **t = 0** sind bereits **10 m²** mit Algen zugewachsen.

**Die Aufgabenstellung:** Bestimmen Sie die zu Grunde liegende Funktion. Wir erstellen zunächst eine Wertetabelle.

| Zeit [Tage] | 0 | 3 | 6 | 9 | 12 |
|---|---|---|---|---|---|
| Fläche [m$^2$] | 10 | 20 | 40 | 80 | 160 |

Mit diesen Werten führen wir eine exponentielle Regression durch.

**Hauptmenü: 6:Statistik**

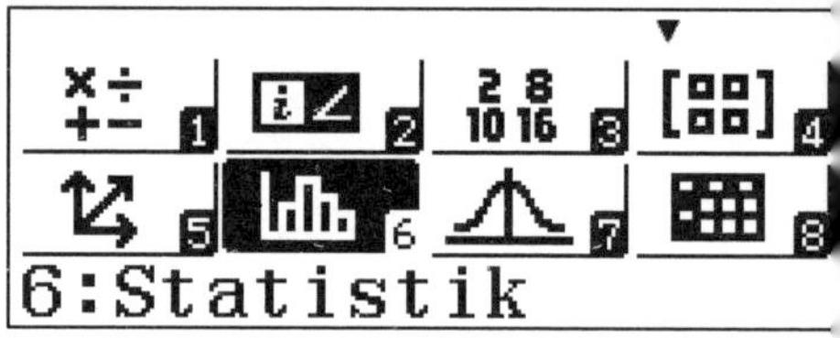


Als Exponentialfunktion mit einem möglichen Parameter im Exponenten wählen wir:

**1:y = a · e^(bx)**.

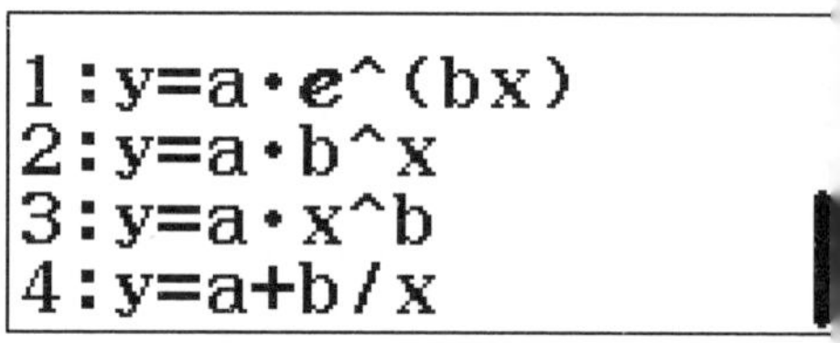


Nach der Eingabe der Werte in der Tabelle rufen wir die Berechnung mit

OPTN 4

auf.

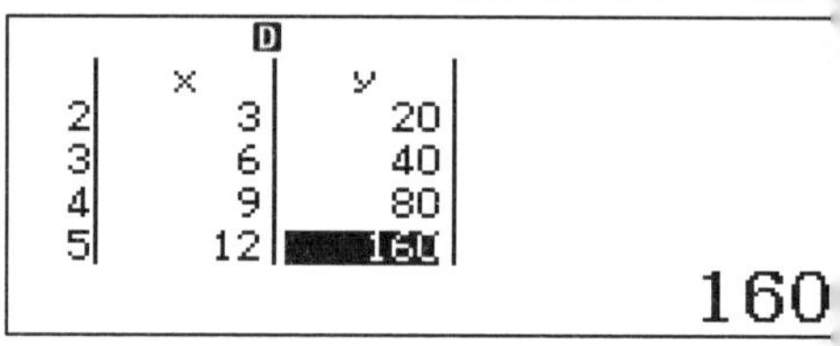


Die gesuchte Funktion lautet:
$f(x) = 10 \cdot e^{0{,}231x}$.

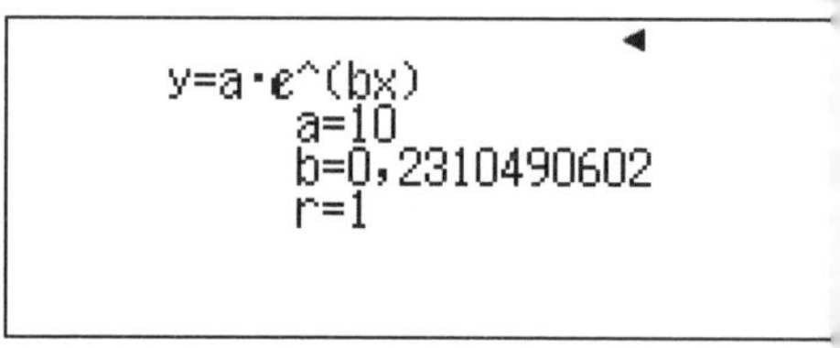


Die Visualisierung mit QR-Code:

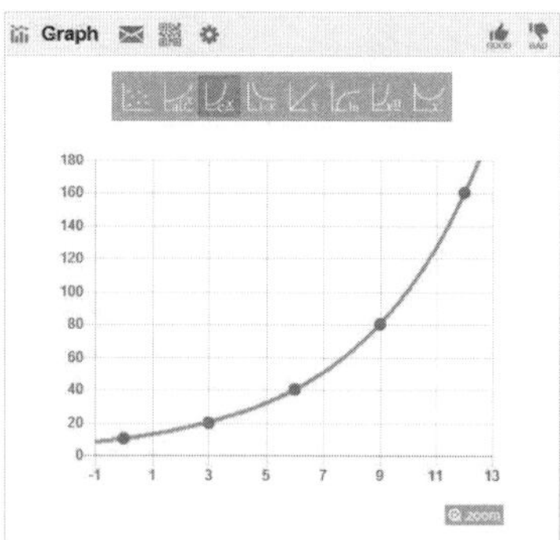


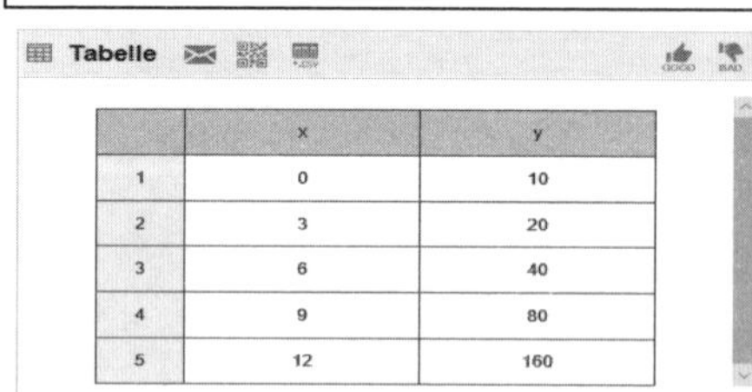


| | x | y |
|---|---|---|
| 1 | 0 | 10 |
| 2 | 3 | 20 |
| 3 | 6 | 40 |
| 4 | 9 | 80 |
| 5 | 12 | 160 |

## 7.2 Ableitung einer Funktion $f(x)$ an einer Stelle $x_0$

Wir bestimmen die Steigung (1. Ableitung) an der Stelle $x_0$ von $f(x)$.

$$f(x) = x^3 + 4x^2 - 3x + 1, x_0 = 2$$

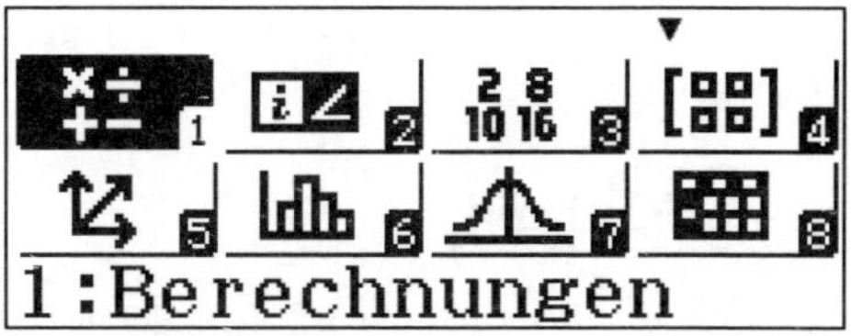


Die klassische Rechnung:

$$f'(x) = 3x^2 + 8x - 3$$

$$f'(2) = 3 \cdot 2^2 + 8 \cdot 2 - 3 = 25$$

Wir starten im Berechnungsfenster, **(Hauptmenü: 1:Berechnungen)**

mit [SHIFT] [∫]

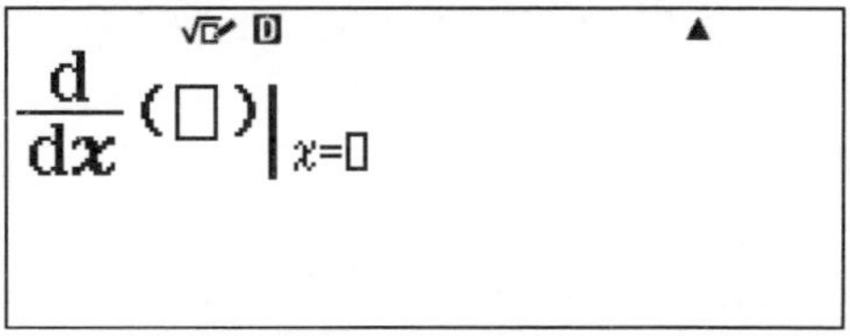

erscheint der Term für die Ableitung und wir können die Funktion sowie den Funktionswert eingeben.

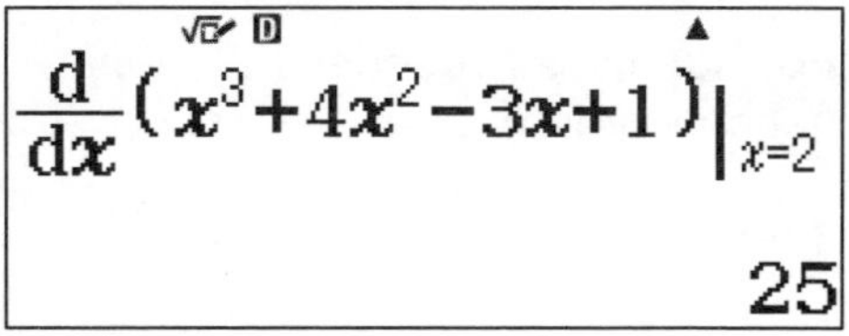


[ALPHA] [)] [$x^■$] [3] [▶] [+] [4] [ALPHA] [)] [$x^2$]

[−] [3] [ALPHA] [)] [+] [1] [▶] [2] [=]

Die Eingabe schließen wir mit der Taste [=] ab.

## 7.3 Tabelle mit Werten für 1. Ableitung einer Funktion füllen

Wir erstellen für die 1. Ableitung der Funktion:

$$f(x) = x^3 + 4x^2 - 3x + 1$$

eine Tabelle.

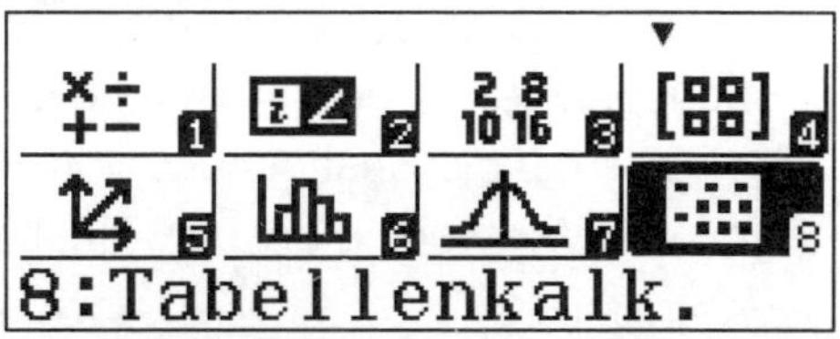


Wir starten im **Hauptmenü** mit dem Punkt **8:Tabellenkalk.**

Wir füllen die erste Spalte mit Werten von -2 bis 2, Schrittweite 0,5.

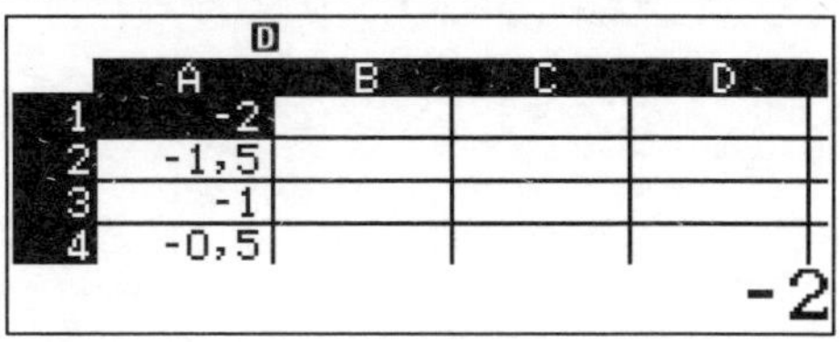

Die zweite Spalte füllen wir mit einer Formel. Dazu springen wir mit den Pfeiltasten in die **Zelle B1** und drücken **OPTN** und wählen dann **1:Formel füllen**.

Mit 

wählen wir den Ausdruck für die 1. Ableitung. Anschließend geben wir wie in 7.2 beschrieben, den Funktionsterm ein.

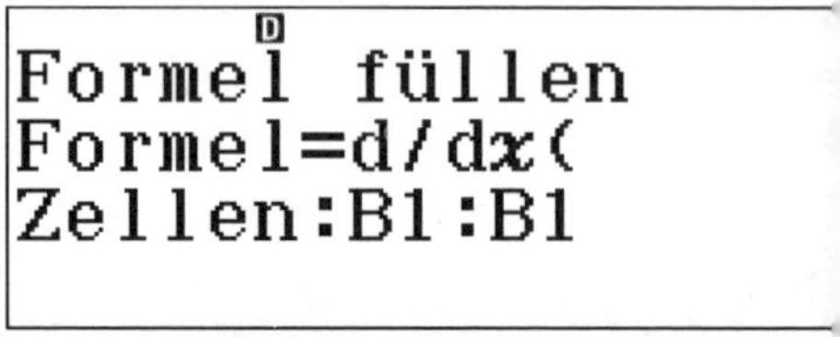


**Beachte!** Als Funktionsterm muss zusätzlich noch der 1. Wert für x eingegeben werden, die Zelle A1! Bei **Formel** muss folgender Term eingegeben werden:

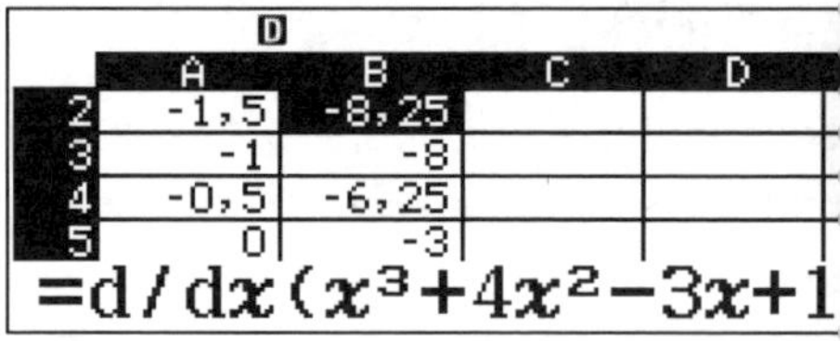


$d/dx(x^3 + 4x^2 - 3x + 1$;A1).

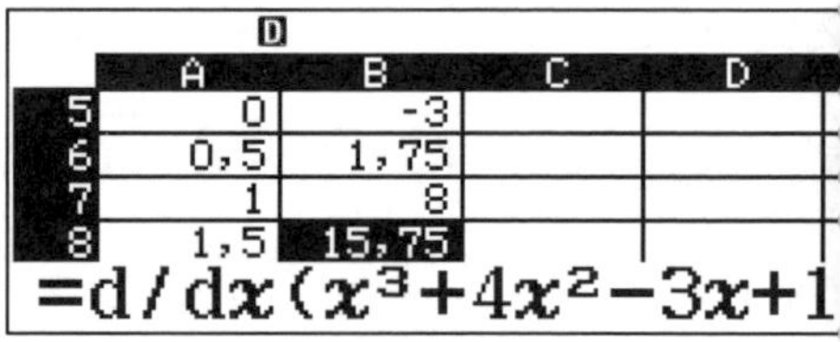


Mit den Pfeiltasten kann man durch die Tabelle wandern und möglicherweise schon eine Extremstelle (mit dem Wert Null für die 1. Ableitung) erkennen.

## 7.4 Extremstellen bestimmen

Der Rechner kann den Term der 1. Ableitung nicht bestimmen. Daher muss der Funktionsterm der 1. Ableitung klassisch bestimmt werden. Anschließend bedeutet die Bestimmung von Hoch- oder Tiefpunkt das Lösen einer Gleichung. Wir bleiben bei der Funktion aus 7.2:

$f(x) = x^3 + 4x^2 - 3x + 1.$ Die 1. Ableitung lautet: $f(x) = 3x^2 + 8x - 3.$

Wir wollen mit dem Rechner die Gleichung:

$$3x^2 + 8x - 3 = 0$$

lösen. Im **Hauptmenü** wählen wir den Punkt **A:Gleichung/Funkt**.

In diesem Fall handelt es sich um eine Polynomgleichung 2. Grades. Wir geben die Parameter ein. Mit einem letzten Drücken der Taste = schließen wir die Eingabe ab.

Als Extremstellen erhalten wir

$$x_1 = \frac{1}{3}, x_2 = -3\,.$$

Eine Betrachtung der Wertetabelle oder des Graphen per QR-Code- Visualisierung hilft uns Hochpunkt und Tiefpunkt zu identifizieren.

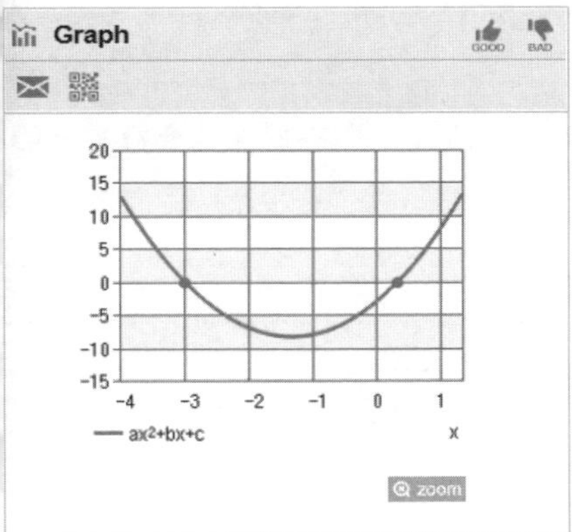


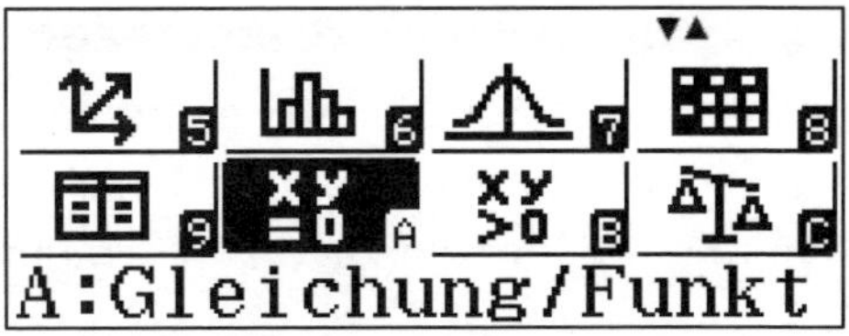


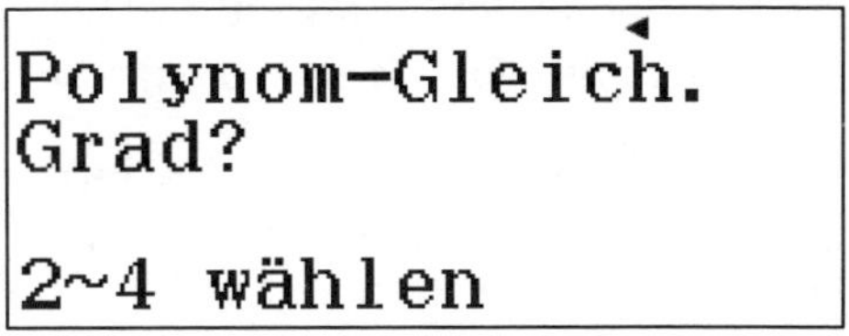


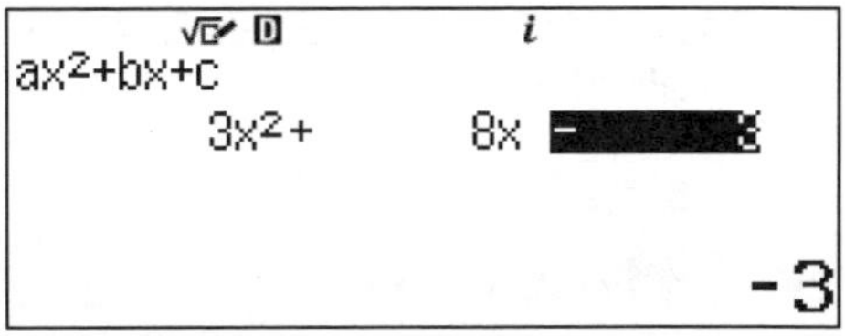


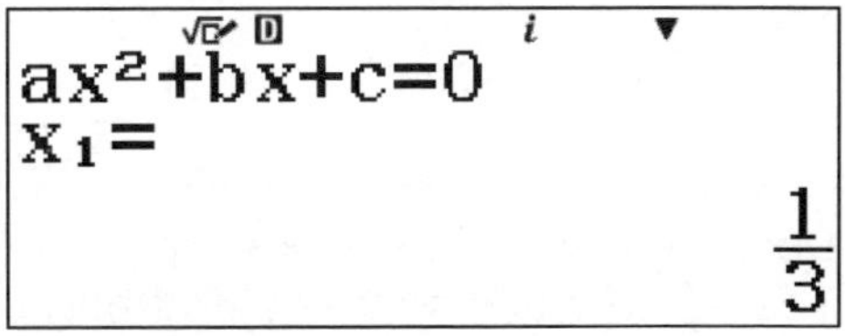


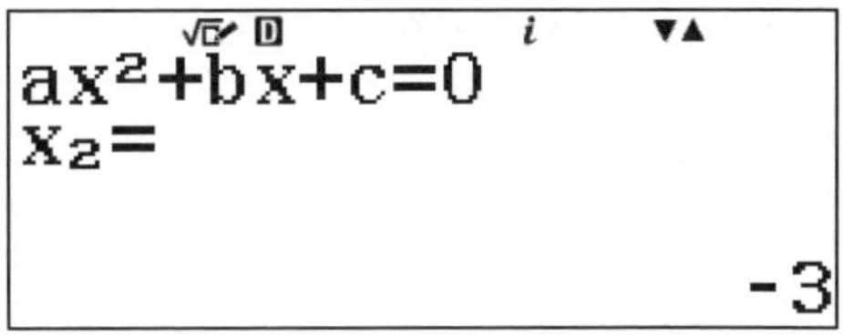


$x_1 = \frac{1}{3}$ Tiefpunkt

$x_2 = -3$ Hochpunkt

## 7.5 Nullstellen, Extremstellen von quadratischen Funktionen

Quadratische Funktionen nehmen eine Sonderrolle ein. Bei Quadratischen Funktionen können über den Gleichungslöser die Nullstellen bestimmt werden und darüber hinaus das Minimum oder Maximum der Parabel.

Wir betrachten die **Funktion** $f(x) = x^2 - 5x + 6$ und die dazu passende **quadratische Gleichung**, die die Nullstellen liefern soll $x^2 - 5x + 6 = 0$.

Im **Hauptmenü** wählen wir **A:Gleichung/Funkt** und dann **Polynomgleichung 2. Grades** aus.

Wir geben die Parameter ein und erhalten als Nullstellen:

$$x_1 = 3, x_2 = 2.$$

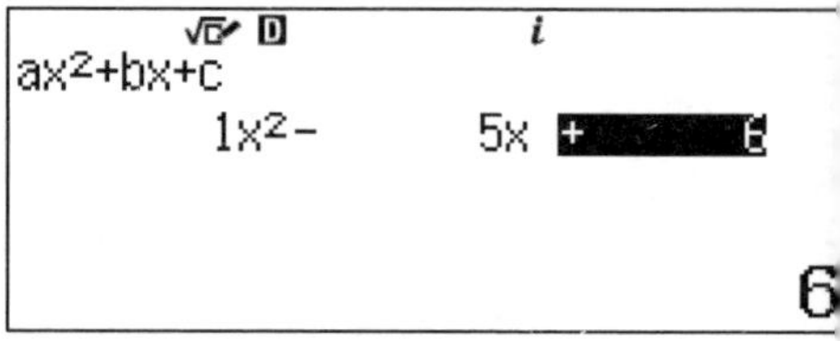


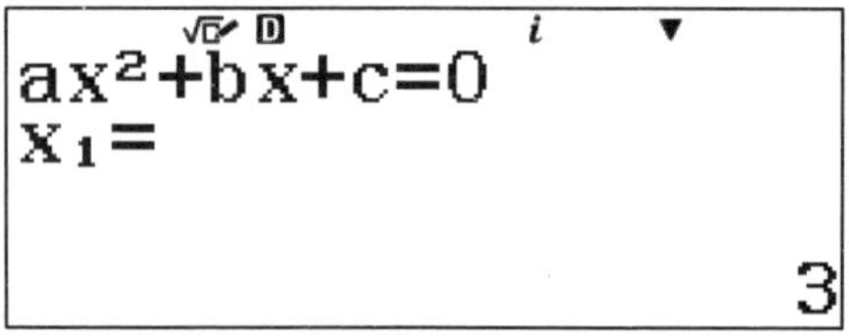


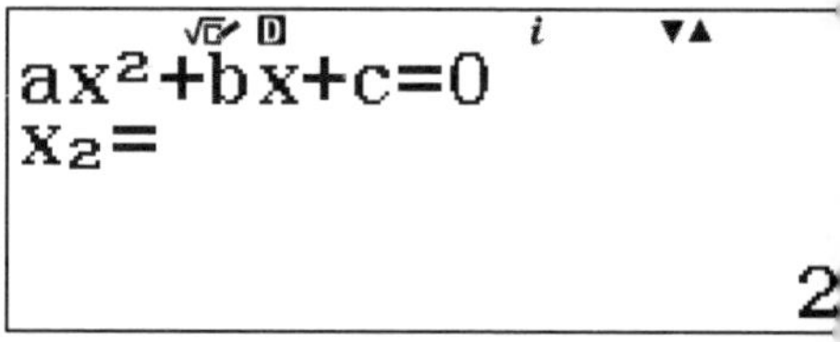


Durch ein weiteres Drücken der Taste = wird uns noch ein **Minimum** angezeigt bei $\frac{5}{2} = 2{,}5$ .

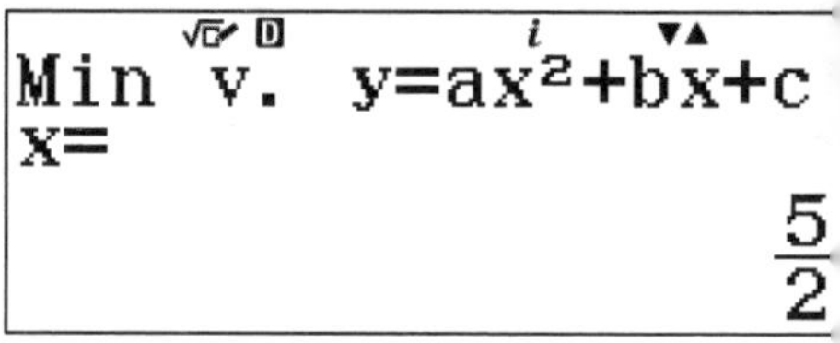


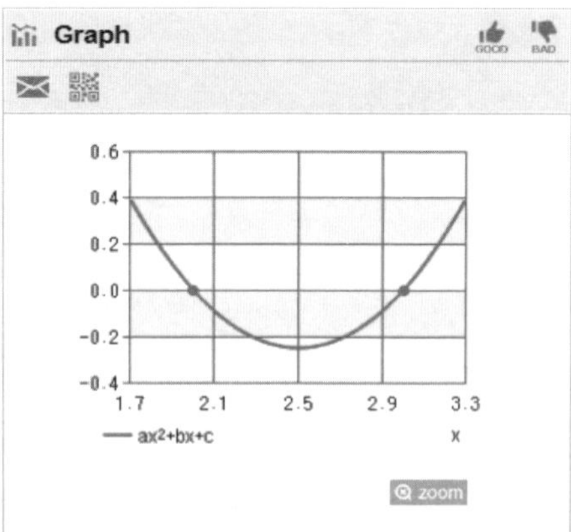

Der QR-Code hilft uns, den Graphen und damit die Nullstellen und das Minimum besser zu verstehen.
Im Schaubild links sehen wir die zwei berechneten Nullstellen und erkennen, dass das Minimum bei $x = 2{,}5$ liegt.

## 7.6 Wendestelle einer Funktion ermitteln

Die Bestimmung der Wendestellen läuft auf das Lösen einer Gleichung hinaus. Wir bleiben bei der Funktion aus 7.2 $f(x) = x^3 + 4x^2 - 3x + 1$ .

Die 1. Ableitung lautet: $f'(x) = 3x^2 + 8x - 3.$

Die 2. Ableitung lautet: $f(x) = 6x + 8.$

Wir lösen die Gleichung $6x + 8 = 0$ .

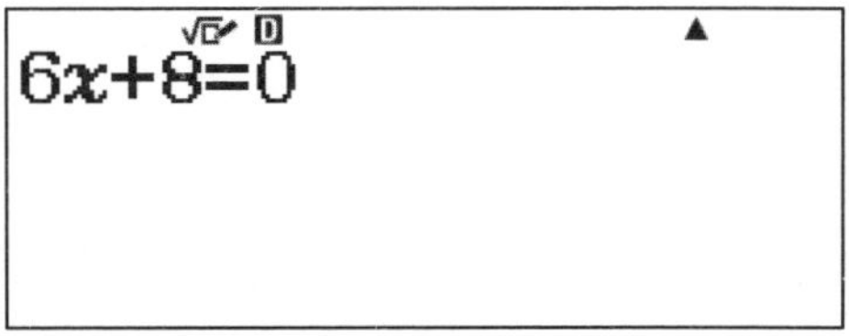


Hierzu geben wir die Gleichung ein.
**Beachte!**
Das Gleichheitszeichen ist jetzt die rote Doppelbelegung auf der Taste **CALC**!

[6] [ALPHA] [)] [+] [8] [ALPHA] [CALC] [0]

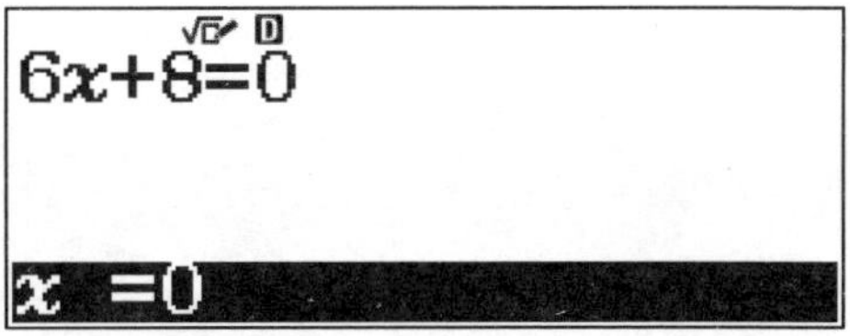


Nach Abschluss mit der Taste [=] erscheint: $x = 0$.

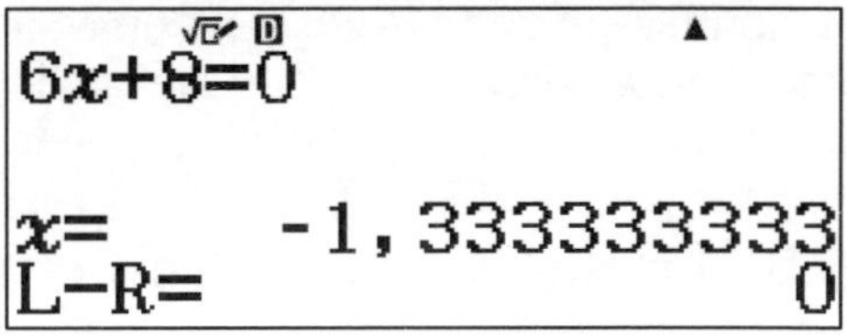


Für das numerische Lösen von Gleichungen drücken wir:

[SHIFT] [CALC] [=]

für **SOLVE**.

Die Anzeige **L - R = 0** bedeutet, dass die Lösung von „links“ gleich der Lösung von „rechts“ ist und es sich daher um die richtige Lösung handelt.

Die Wendestelle liegt bei $x = -\frac{4}{3}$.

**Beachte!**
Zum Lösen einer Gleichung mit **SOLVE** (numerisches Lösen einer Gleichung) sucht der Rechner in der Umgebung einer Zahl. Das ist nur dann von Bedeutung, wenn die Gleichung mehr wie eine Lösung hat.
**SOLVE liefert immer nur EINE Lösung!**

## 7.7 Bestimmtes Integral

Zur Bestimmung eines Integrals einer Funktion in den Grenzen a und b finden wir eine eigene Taste auf unserem Rechner: 

Wir wollen das Integral der Funktion $f(x) = 2x^2 - x$ in den Grenzen von 1 bis 4 berechnen.

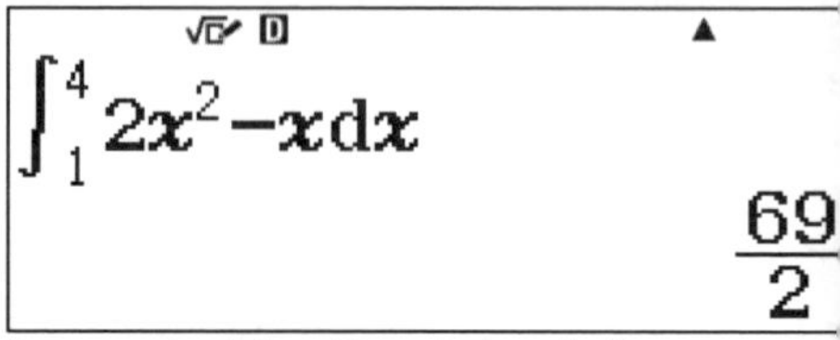


In gemischter Bruchdarstellung:

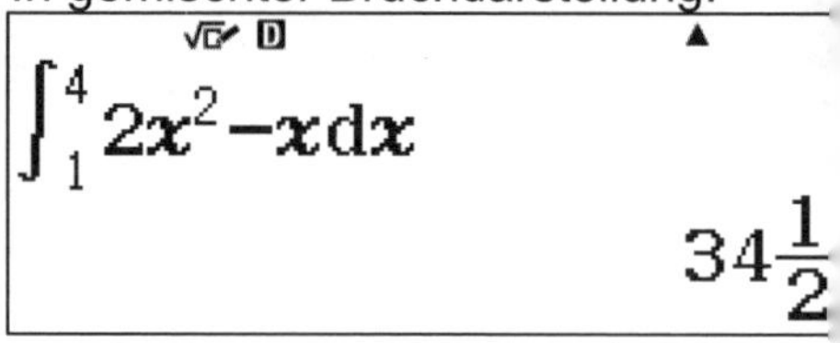


Klassisch:

$$\int_1^4 (2x^2 - x)dx = \left[\frac{2}{3}x^3 - \frac{1}{2}x^2\right]_1^4$$

$$= 34\frac{2}{3} - \frac{1}{6} = 34\frac{1}{2}$$

**Beachte!** Das bestimmte Integral berechnet **NICHT** den Flächeninhalt zwischen Graph und x-Achse, wenn Nullstellen existieren. Dann muss abschnittsweise zwischen den Nullstellen das Integral bestimmt werden!

## 7.8 Fläche zwischen den Graphen von zwei Funktionen

Der Flächeninhalt zwischen zwei Funktionen $f(x)$und $g(x)$ kann **NUR** dann als Integral der Differenz der beiden Funktionen $f(x) - g(x)$ gerechnet werden, wenn

- die beiden Graphen sich in den Berechnungsgrenzen nicht schneiden.
- keine Nullstellen haben.
- $f(x)$ in den Berechnungsgrenzen stets größer als $g(x)$ ist.

**Beachte!** Diese Bedingungen bzw. Einschränkungen liegen fast immer vor, sodass immer zuerst alle Nullstellen und die Schnittpunkte der beiden Graphen berechnet werden sollten, bevor eine Integration erfolgt!

## 7.9 Volumen von Rotationskörpern

Stellen wir uns den Graphen einer Funktion um die x-Achse rotierend vor. Hierbei ist besonders zu beachten, dass KEINE Nullstellen vorliegen.

Dann berechnen wir „Kreis-Scheibchen“ mit dem Radius des x-Wertes. Für eine Kreisscheibe rechnen wir mit dem Zylindervolumen und damit

$$dV = x^2 \cdot \pi \cdot dx\ .$$

Diese Volumenstückchen werde mit dem Integral aufsummiert. Daher gilt für das Rotationsvolumen einer Funktion $f(x)$:

$$V = \pi \cdot \int_a^b (f(x))^2 \cdot dx \ .$$

Betrachten wir die proportionale Funktion $f(x) = 0{,}5 \cdot x$. Rotiert der Graph dieser Geraden in den Grenzen von 0 bis 5, ergibt sich ein Kegel mit der Höhe $h = 5$ und dem Radius $r = f(5) = 2{,}5$.

Klassisch als Kegel:

$$V = \frac{1}{3} \cdot r^2 \cdot \pi \cdot h = \frac{1}{3}\pi \cdot 2{,}5^2 \cdot 5 \approx 32{,}7$$

Als Integral:

$$V = \pi \cdot \int_0^5 (0{,}5x)^2 dx$$

$$= \pi \cdot \int_0^5 0{,}25x^2 dx \approx 32{,}7$$

Mit der Integralfunktion:

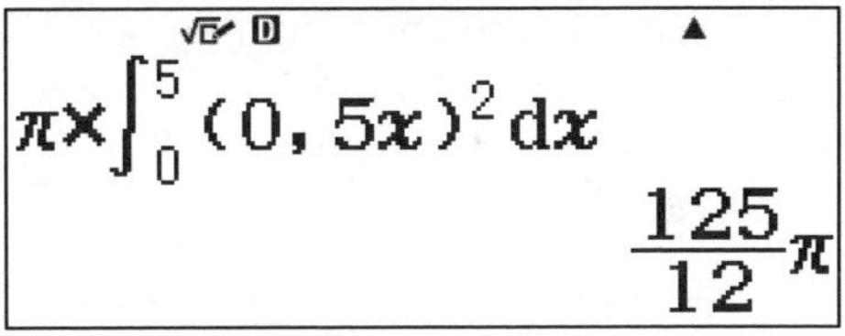


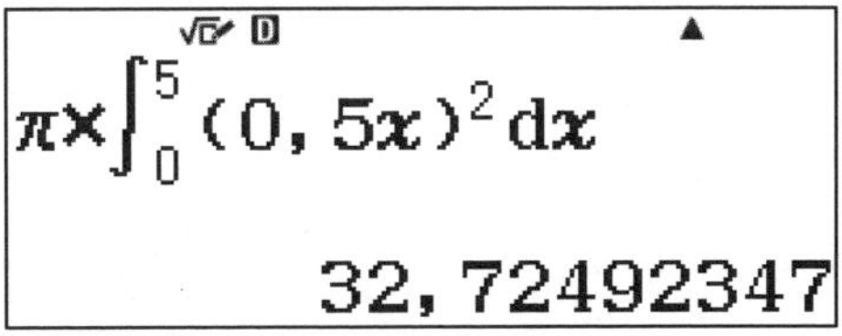

# 8 Vektorrechnung

## 8.1 Einfache Vektoroperationen

Zur Berechnung von Vektorsummen, der Länge von Vektoren, Skalarprodukt und Vektorprodukt wechseln wir im **Hauptmenü** in den Punkt **5:Vektorrechnung**.

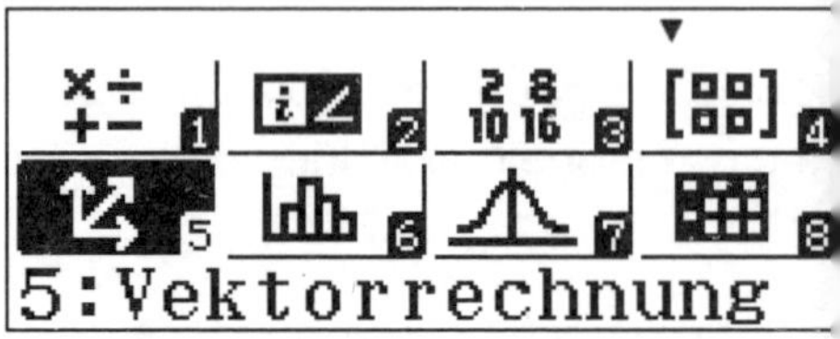


### 8.1.1 Vektoren im Vektorspeicher hinterlegen

**Wir können 4 Vektoren (A, B, C, D) definieren**. Nur mit diesen Vektoren können wir anschließend rechnen.

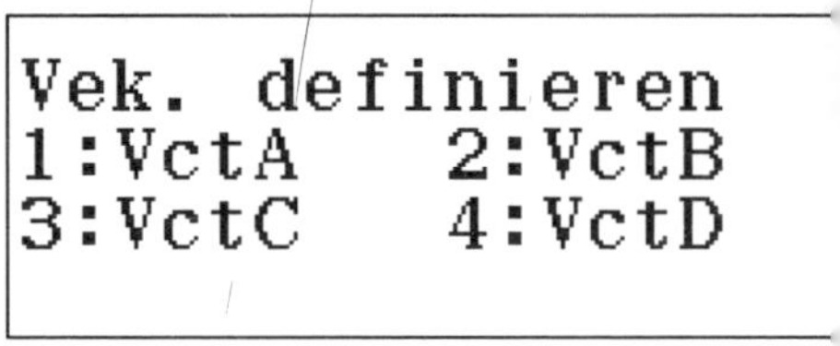


Wir geben die folgenden Vektoren ein:

$$\vec{a} = \begin{pmatrix} 1 \\ 3 \\ 5 \end{pmatrix}, \vec{b} = \begin{pmatrix} 0 \\ 1 \\ -3 \end{pmatrix}.$$

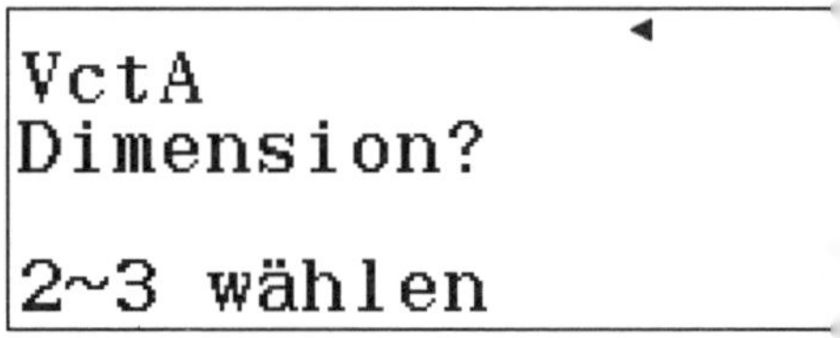


Wir wählen 1 für **VctA** und 3 für **3 Dimensionen**. Anschließend geben wir die einzelnen Komponenten des Vektors ein und schließen immer mit der Taste [=] ab.

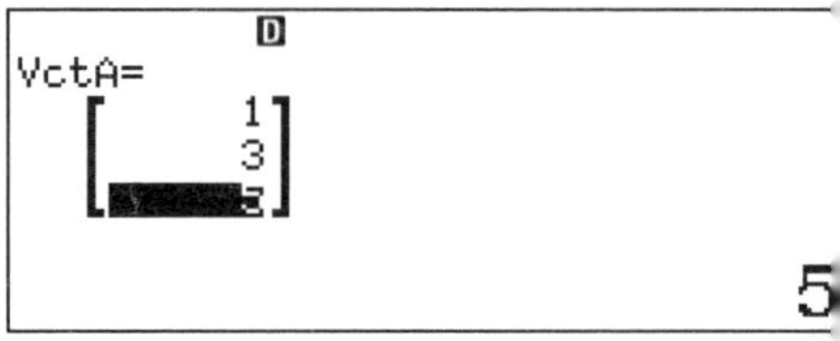


[1] [3] [1] [=] [3] [=] [5] [=] [=]

Mit der Taste **OPTN** können wir anschließend mit **1:Vek. definieren** einen weiteren Vektor eingeben. Hierzu wählen wir an entsprechender Stelle **2:VctB** und wieder 3 für **3 Dimensionen** aus.

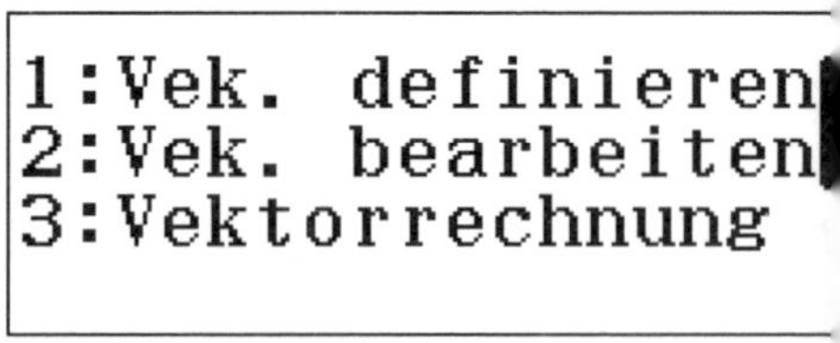


[1] [2] [3] [0] [=] [1] [=] [(−)] [3] [=]

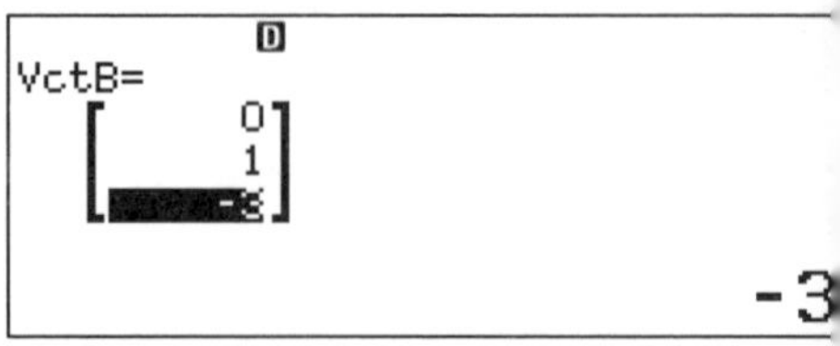


Aus dem Eingabemodus gehen wir mit der Taste **AC**.

## 8.1.2 Der Betrag eines Vektors

Berechnungen erfolgen im Vektor Berechnungsfenster, wenn wir zuvor die Eingabe des letzten Vektors mit der Taste **AC** abgeschlossen haben. Rechts unten im Fenster steht nun immer **Vektor**.

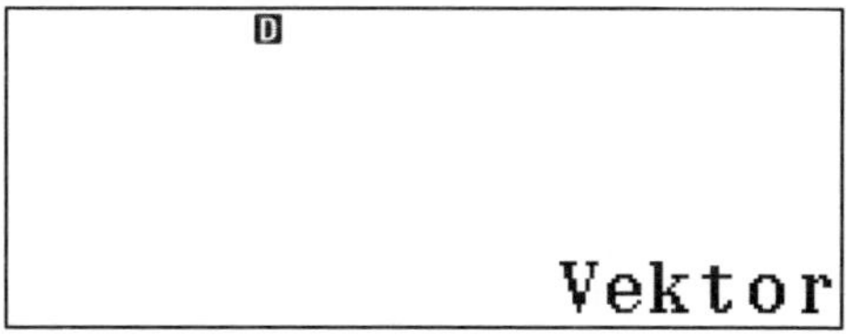


Um den Betrag des Vektors $\vec{a}$ zu berechnen drücken wir **SHIFT (** für **Abs** (Betrag), wählen mit **OPTN** den Vektor A aus, schließen die Klammer und schließen die Eingabe mit der Taste **=**.

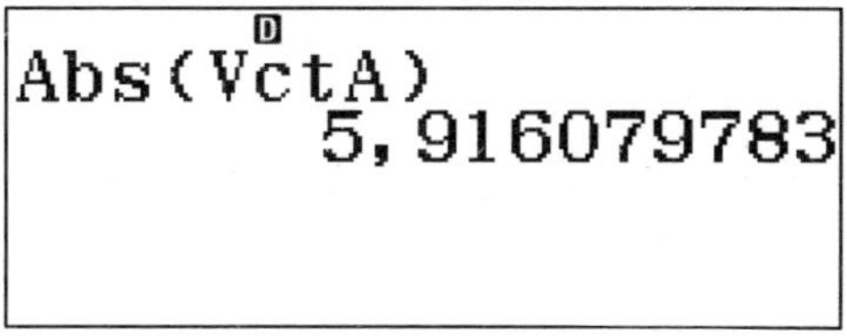


SHIFT ( OPTN 3 ) =

Zum Vektor $\vec{a} = \begin{pmatrix} 1 \\ 3 \\ 5 \end{pmatrix}$

die Länge klassisch berechnet:

$$\sqrt{1^2 + 3^2 + 5^2} = \sqrt{35} \approx 5{,}916 \ldots$$

## 8.1.3 Abstand von zwei Vektoren, Addition, Subtraktion

Wir berechnen den Abstand der beiden Vektoren $\vec{a}$ und $\vec{b}$, die wir unter **VctA** und **VctB** gespeichert haben. Der **Abstand von zwei Vektoren** ergibt sich als Betrag der Differenz der Ortsvektoren.

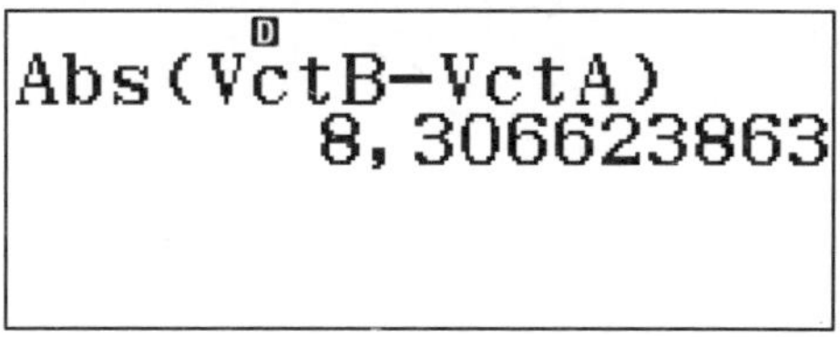


SHIFT ( OPTN 4 − OPTN 3 ) =

$$\overline{AB} = |\vec{b} - \vec{a}| = \left| \begin{pmatrix} 0 \\ 1 \\ -3 \end{pmatrix} - \begin{pmatrix} 1 \\ 3 \\ 5 \end{pmatrix} \right|$$

$$= \left| \begin{pmatrix} -1 \\ -2 \\ -8 \end{pmatrix} \right| = \sqrt{69} \approx 8{,}3.$$

**Beachte!**
Mit **OPTN** wählt man die Vektoren aus dem Speicher aus!

### 8.1.4 Das Skalarprodukt

Wir berechnen das **Skalarprodukt** der beiden Vektoren $\vec{a}$ und $\vec{b}$.

$$\vec{a} \cdot \vec{b} = \begin{pmatrix} 1 \\ 3 \\ 5 \end{pmatrix} \cdot \begin{pmatrix} 0 \\ 1 \\ -3 \end{pmatrix} = 0 + 3 - 15$$

$$= -12$$

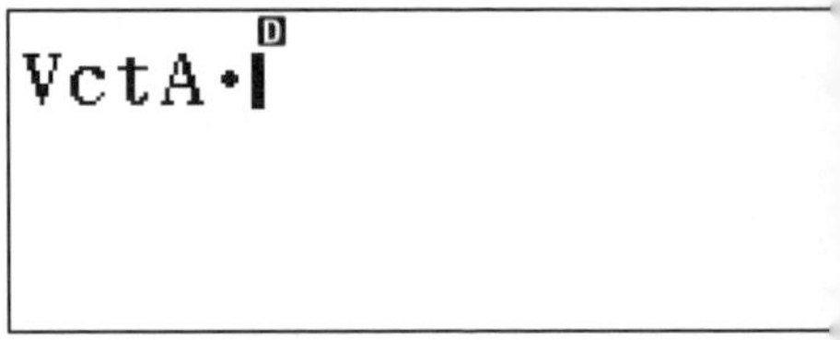


Im Rechner rufen wir über **OPTN** den ersten Vektor (**VctA**) auf, anschließend blättern wir mit der Pfeiltaste nach unten und wählen mit **2:Skalarprodukt** aus. Jetzt wählen wir **VctB** aus und schließen mit der Taste = ab.

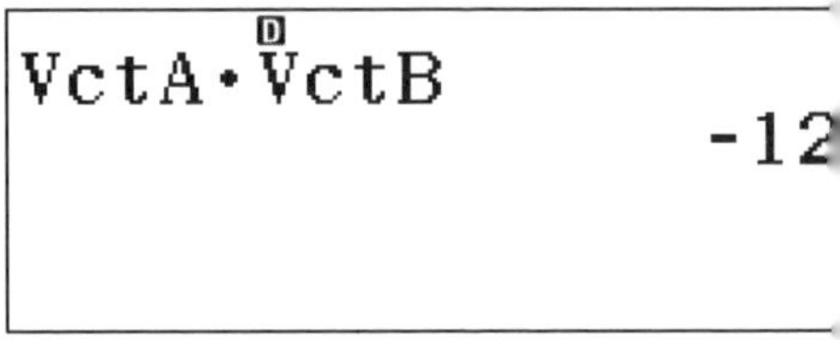


[OPTN] [3] [OPTN] [▼] [2] [OPTN] [4] [=]

### 8.1.5 Das Vektorprodukt (Kreuzprodukt)

Wir berechnen das **Vektorprodukt** der Vektoren $\vec{a}$ und $\vec{b}$.

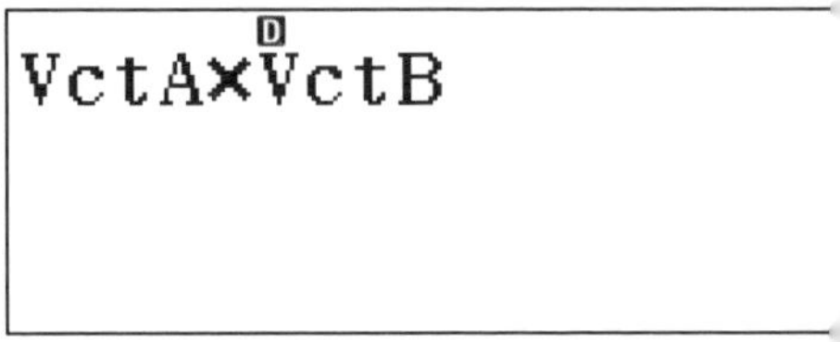


$$\vec{a} \times \vec{b} = \begin{pmatrix} 1 \\ 3 \\ 5 \end{pmatrix} \times \begin{pmatrix} 0 \\ 1 \\ -3 \end{pmatrix} = \begin{pmatrix} -14 \\ 3 \\ 1 \end{pmatrix}$$

Das Kreuz für das Kreuzprodukt ist das Malzeichen **X** auf der Tastatur.

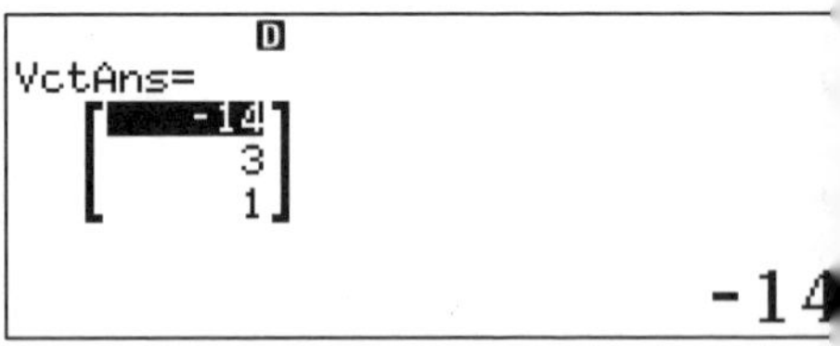


[OPTN] [3] [×] [OPTN] [4] [=]

## 8.1.6 Winkel zwischen zwei Vektoren

Aus der Definition des Skalar-produktes kennen wir die Formel für den Winkel zwischen zwei Vektoren:

$$cos(\alpha) = \frac{\vec{a} \cdot \vec{b}}{|\vec{a}\,| \cdot |\vec{b}\,|}$$

Wir kennen bereits Teilergebnisse:

$$\vec{a} \cdot \vec{b} = -12, |\vec{a}| = \sqrt{35}, |\vec{b}| = \sqrt{10}$$

damit ist

$$cos(\alpha) = -\frac{12}{\sqrt{35 \cdot 10}} \approx -0{,}641$$

und $\alpha \approx 130°$ .

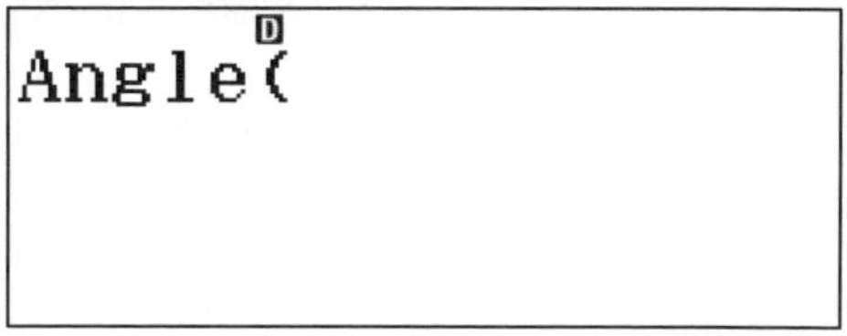


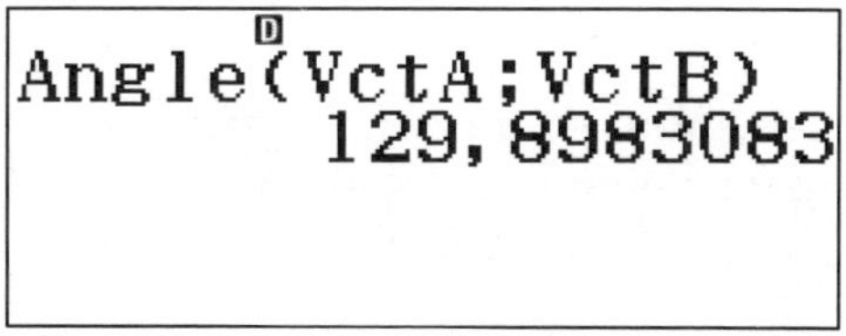


OPTN ▼ 3 OPTN 3 SHIFT ) OPTN 4 ) =

## 8.1.7 Vektor normieren auf die Länge 1

Um einen Vektor auf die Länge 1 zu normieren verwenden wir die Option **4:Einheitsvektor** unter **OPTN**. Anschließend wählen wir **VctA** aus.

Es gilt: $\vec{a}_{|1|} = \frac{1}{|\vec{a}|} \cdot \vec{a} = \frac{1}{\sqrt{35}} \begin{pmatrix} 1 \\ 3 \\ 5 \end{pmatrix}$

$$\vec{a}_{|1|} \approx \begin{pmatrix} 0{,}17 \\ 0{,}51 \\ 0{,}85 \end{pmatrix}$$

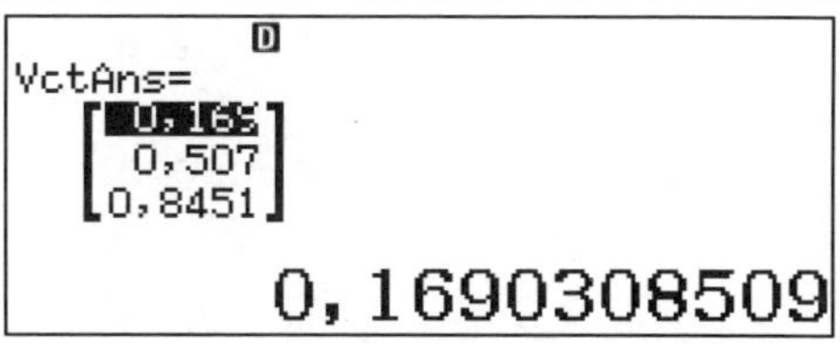


OPTN ▼ 4 OPTN 3 ) =

## 8.2 Standardaufgaben der Vektorrechnung

### 8.2.1 Lineare Abhängigkeit von Vektoren

Drei Vektoren sind linear unabhängig, wenn durch nur eine mögliche Linearkombination aller drei Vektoren der Nullvektor gebildet werden kann. **Alle Koeffizienten der Linearkombination müssen Null sein!**

Das läuft auf das Lösen eines linearen Gleichungssystems heraus.

Sind die drei Vektoren $\vec{a}, \vec{b}, \vec{c}$ linear abhängig oder unabhängig?

$$\vec{a} = \begin{pmatrix} 4 \\ 0 \\ -1 \end{pmatrix}, \vec{b} = \begin{pmatrix} 1 \\ -2 \\ -5 \end{pmatrix}, \vec{c} = \begin{pmatrix} -2 \\ -2 \\ 0 \end{pmatrix}$$

**Bei linearer Unabhängigkeit gibt es nur eine Lösung $(\boldsymbol{\alpha}, \boldsymbol{\beta}, \boldsymbol{\gamma}) = (\mathbf{0}, \mathbf{0}, \mathbf{0})$ für das Gleichungs-system:**

$$\alpha \cdot \begin{pmatrix} 4 \\ 0 \\ -1 \end{pmatrix} + \beta \cdot \begin{pmatrix} 1 \\ -2 \\ -5 \end{pmatrix} + \gamma \cdot \begin{pmatrix} -2 \\ -2 \\ 0 \end{pmatrix} = \begin{pmatrix} 0 \\ 0 \\ 0 \end{pmatrix}$$

Wir lösen das lineare Gleichungssystem mit dem Rechner:

(1) $\mathbf{4\alpha + \beta - 2\,\gamma = 0}$

(2) $\mathbf{-2\,\beta - 2\,\gamma = 0}$

(3) $\mathbf{-\alpha - 5\,\beta = 0}$

Wir erhalten $\boldsymbol{\alpha} = \mathbf{0}, \boldsymbol{\beta} = \mathbf{0}, \boldsymbol{\gamma} = \mathbf{0}$.

Die Vektoren sind linear unabhängig!

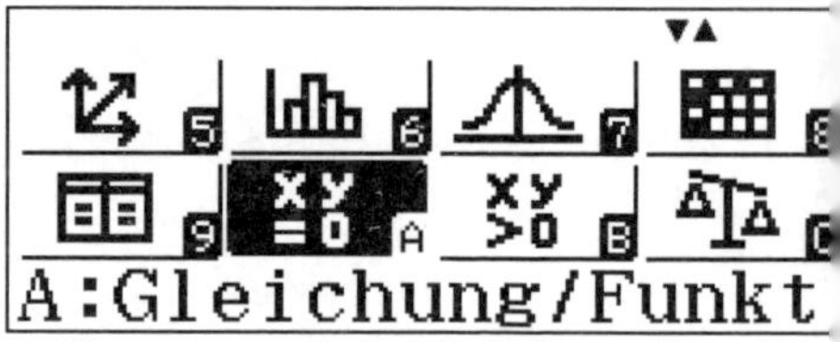


Hauptmenü A:Gleichung/Funkt

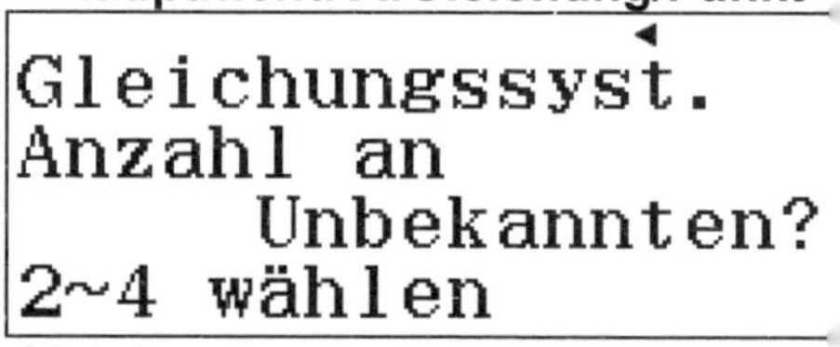


Gleichungssystem mit 3 Unbek.

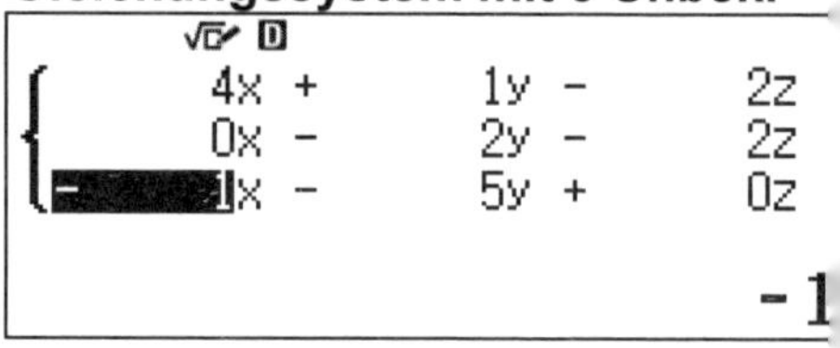


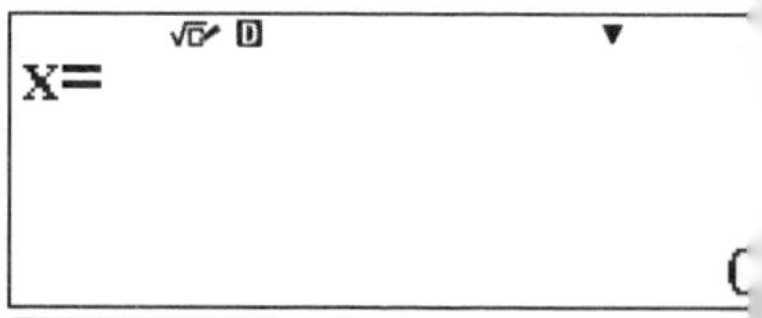


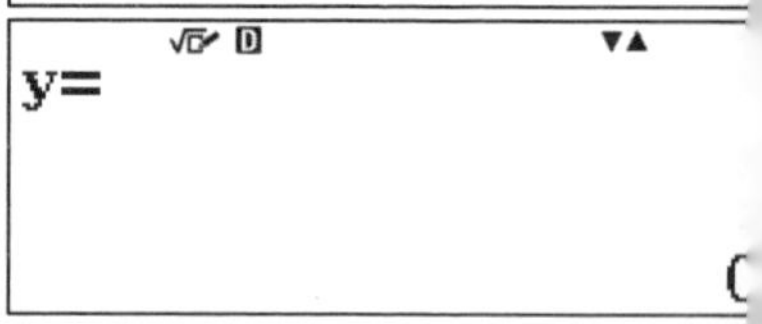


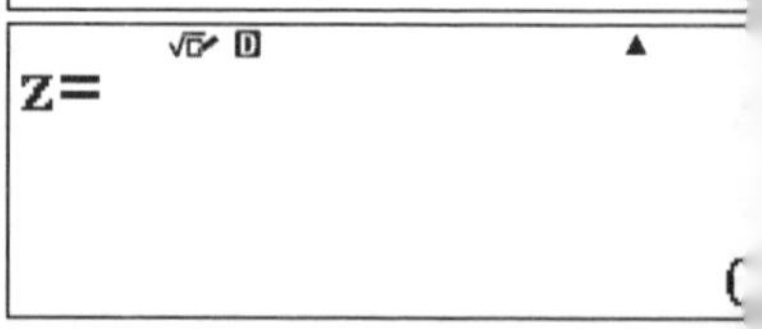

## .2.2 Punktprobe Gerade - Liegt Punkt auf einer Geraden?

Vir prüfen ob der Punkt **P (1|3|-2)** uf der Geraden **g** liegt, die in Para- neterform vorliegt:

$$:\vec{x} = \begin{pmatrix} 4 \\ 2 \\ 1 \end{pmatrix} + \lambda \cdot \begin{pmatrix} -3 \\ 1 \\ -3 \end{pmatrix}$$

Vir setzen den Punkt **P** in die Glei- hung ein und müssen das folgende Gleichungssystem lösen:

$$\begin{pmatrix} 1 \\ 3 \\ -2 \end{pmatrix} = \begin{pmatrix} 4 \\ 2 \\ 1 \end{pmatrix} + \lambda \cdot \begin{pmatrix} -3 \\ 1 \\ -3 \end{pmatrix}$$

Vir lösen die 1. Gleichung und prü- en die beiden anderen mit dem er- altenen Ergebnis.

)ie erste Zeile (Gleichung) hat als ösung $x = 1$ bzw. in unserer Glei- hung $\lambda = 1$.

Vir prüfen die 2. und 3. Gleichung dem wir den Wert für $\lambda$einsetzen.

3eide Gleichungen werden durch $= 1$ bzw. $x = 1$ gelöst.

)er Rechner zeigt beide Male **Wahr**" an!

Gleichung eingeben in **1:Berech- nungen**

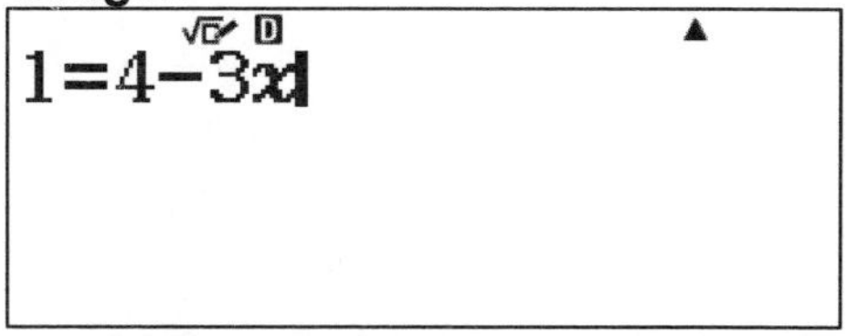


Gleichung lösen mit:

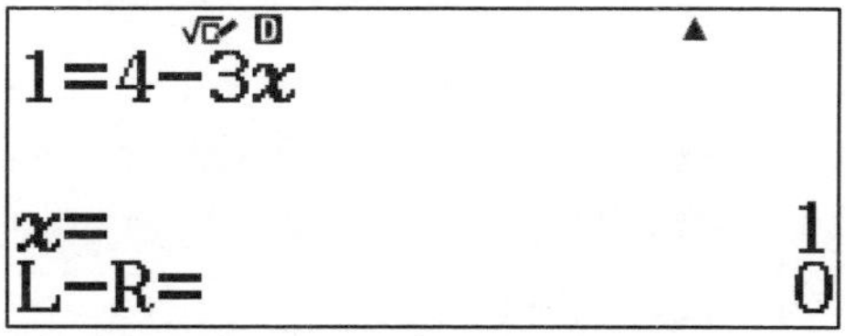


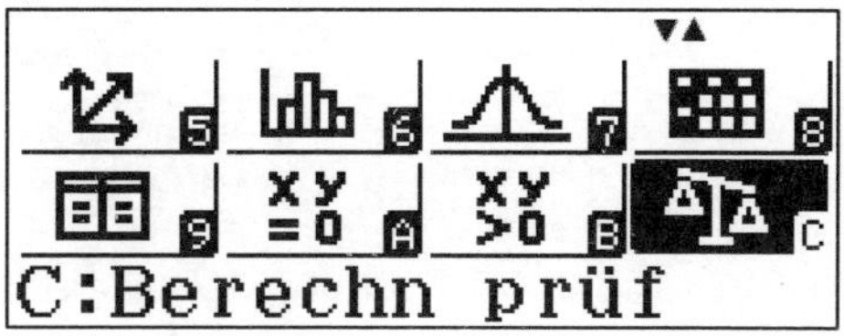


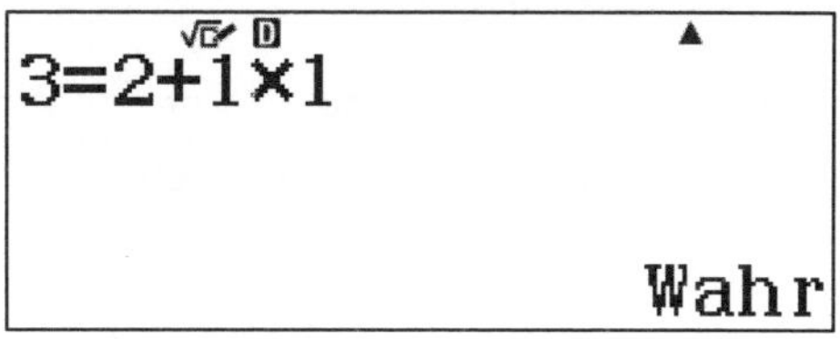


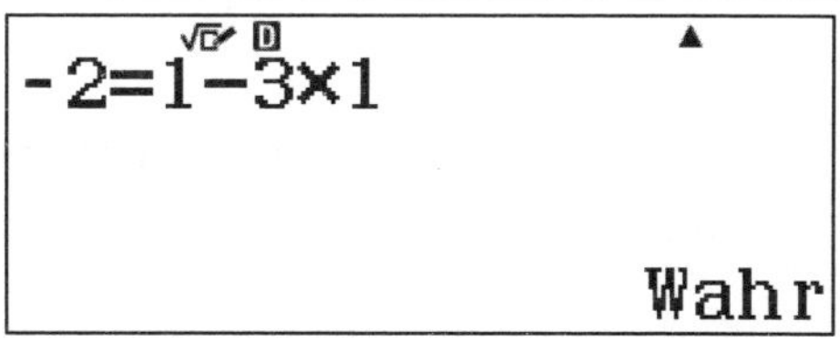

### 8.2.3 Abstand Punkt - Gerade

Den Abstand eines Punktes **P** von einer Geraden **g** bestimmen wir mit eine Hilfsebene, die durch den Punkt **P** verläuft. In diesem Fall ist der Richtungs vektor der Geraden ein Normalenvektor der Ebene. Mit dieser Hilfsebene bestimmen wir den Lotfußpunkt als Schnittpunkt der Ebene mit der Geraden. Der Abstand des Lotfußpunktes zu Punkt **P** ist der gesuchte Abstand des Punktes von der Geraden!

**Wir berechnen hier Schritt für Schritt den Abstand des Punktes**

**P ( 1| 4| 1)** von der Geraden $g: \vec{x} = \begin{pmatrix} -1 \\ 0 \\ 2 \end{pmatrix} + \lambda \cdot \begin{pmatrix} 2 \\ 1 \\ -1 \end{pmatrix}$.

Der Richtungsvektor der Geraden **g** ist ein Normalenvektor der senkrechte Ebene durch den Punkt **P**. Es gilt für diese Ebene die Punkt-Normalenform

$$\vec{n} \cdot (\vec{x} - \vec{p}) = 0$$

Wir setzen ein:

$$\begin{pmatrix} 2 \\ 1 \\ -1 \end{pmatrix} \cdot \left( \begin{pmatrix} x_1 \\ x_2 \\ x_3 \end{pmatrix} - \begin{pmatrix} 1 \\ 4 \\ 1 \end{pmatrix} \right) = 0$$

Wenn wir diese Gleichung ausrechnen erhalten wir eine Ebenengleichung in Koordinatenform: $2x_1 + x_2 - x_3 - 5 = 0$ .

Allerdings setzen wir die Geradengleichung in die Normalengleichung ein, um den Lotfußpunkt zu erhalten:

$$\begin{pmatrix} 2 \\ 1 \\ -1 \end{pmatrix} \cdot \left( \begin{pmatrix} -1 \\ 0 \\ 2 \end{pmatrix} + \lambda \cdot \begin{pmatrix} 2 \\ 1 \\ -1 \end{pmatrix} - \begin{pmatrix} 1 \\ 4 \\ 1 \end{pmatrix} \right) = 0$$

Ausmultipliziert führt uns diese Gleichung auf eine Gleichung mit einer Unbekannten, die wir mit dem Rechner lösen wollen.

$$\begin{pmatrix} 2 \\ 1 \\ -1 \end{pmatrix} \cdot \begin{pmatrix} -1 \\ 0 \\ 2 \end{pmatrix} + \lambda \cdot \begin{pmatrix} 2 \\ 1 \\ -1 \end{pmatrix} \cdot \begin{pmatrix} 2 \\ 1 \\ -1 \end{pmatrix} - \begin{pmatrix} 2 \\ 1 \\ -1 \end{pmatrix} \cdot \begin{pmatrix} 1 \\ 4 \\ 1 \end{pmatrix} = 0$$

$$\Leftrightarrow \; 6\lambda - 9 = 0$$

Wir lösen die Gleichung $6\lambda - 9 = 0$ mit dem Rechner obwohl die Lösung in diesem Fall offensichtlich ist.

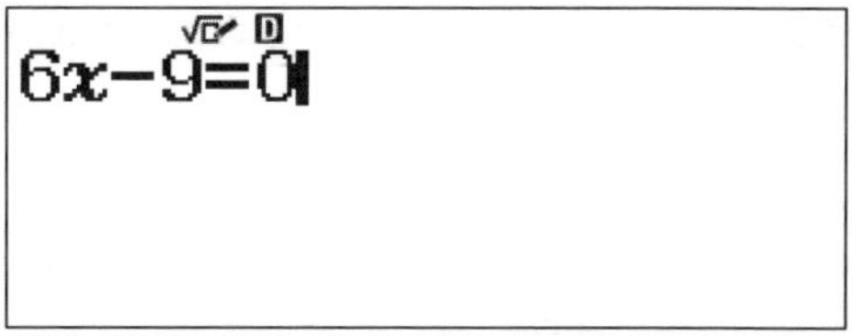


Im Berechnungsfenster geben wir die Gleichung ein. Beachte die Taste **ALPHA** für die Eingabe von **x** und dem **=** Zeichen!

Wir drücken die Taste **SHIFT + CALC** (**SOLVE**) und anschließend die Taste = und wir erhalten die Lösung:

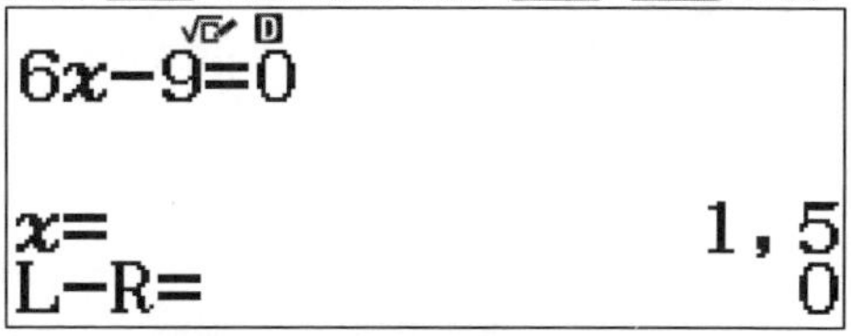

$$x = \lambda = \frac{9}{6} = 1{,}5$$

Wir setzen $\lambda$ in die Geradengleichung ein und erhalten den Lotfußpunkt:

$$\vec{x} = \begin{pmatrix} -1 \\ 0 \\ 2 \end{pmatrix} + 1{,}5 \cdot \begin{pmatrix} 2 \\ 1 \\ -1 \end{pmatrix} = \begin{pmatrix} 2 \\ 1{,}5 \\ 0{,}5 \end{pmatrix}.$$

Lotfußpunkt: $L(2\,|1{,}5|0{,}5)$

Punkt: $P(1\,|4\,|1\,)$

Wir geben die beiden Punkte als Vektoren ein und berechnen anschließend ihren Abstand:

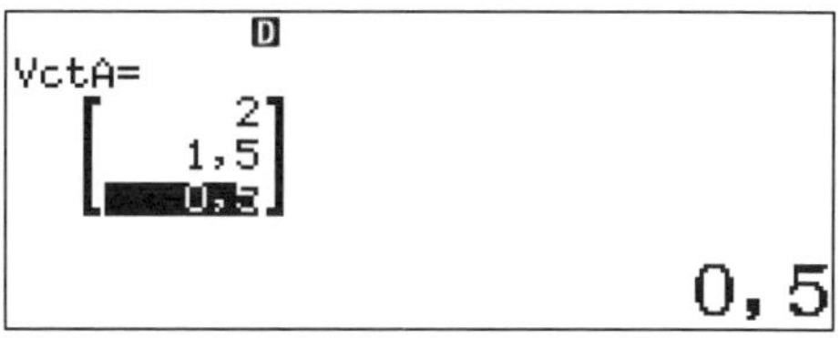


**VctA**: $\vec{l} = \begin{pmatrix} 2 \\ 1{,}5 \\ 0{,}5 \end{pmatrix}$

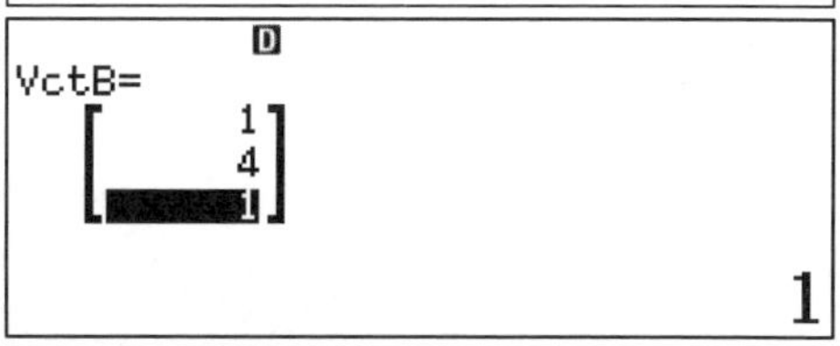


**VctB**: $\vec{p} = \begin{pmatrix} 1 \\ 4 \\ 1 \end{pmatrix}$

Abstand von **L** zu **P**: $|\overrightarrow{p - \vec{l}}| \approx 2{,}74$

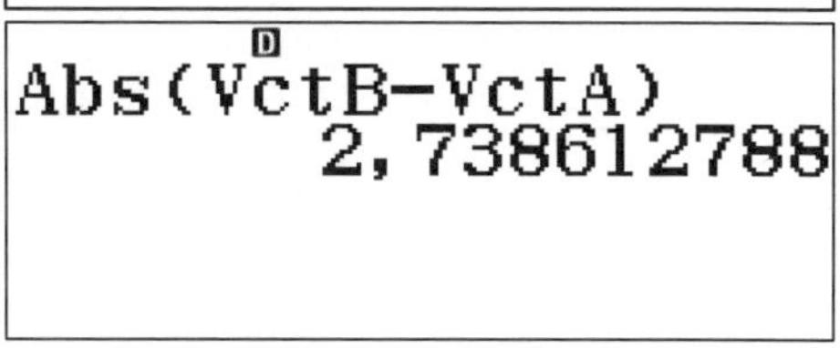

### 8.2.4 Ebene von Koordinatenform in Normalenform bringen

Von einer Ebene sei die Koordinatenform: $2x_1 + 3x_2 + x_3 = 10$ gegeben.

Dann kann ein Normalenvektor abgelesen werden: $\vec{n} = \begin{pmatrix} 2 \\ 3 \\ 1 \end{pmatrix}$.

Für die Normalenform benötigen wir nur noch einen Punkt, d. h. wir setzen einfach $x_2 = 0$, $x_3 = 0$ und lösen die verbleibende Gleichung:

$$2x_1 = 10 \quad \Leftrightarrow \quad x_1 = 5$$

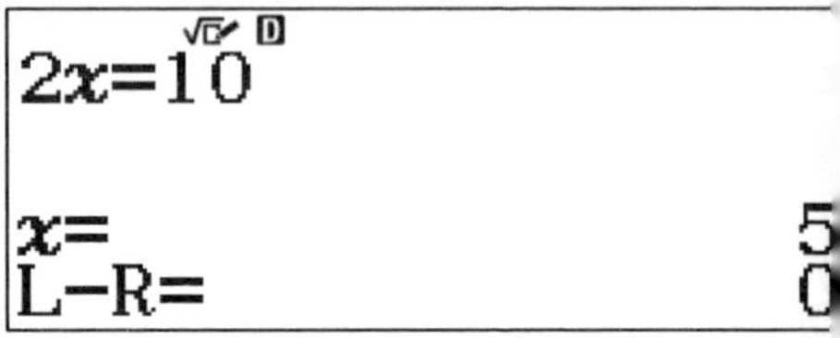


Damit haben wir einen Punkt auf der Ebene bzw. einen passenden

Ortsvektor $\vec{p} = \begin{pmatrix} 5 \\ 0 \\ 0 \end{pmatrix}$

und können die Normalenform direkt hinschreiben:

$$\begin{pmatrix} 2 \\ 3 \\ 1 \end{pmatrix} \cdot \left( \vec{x} - \begin{pmatrix} 5 \\ 0 \\ 0 \end{pmatrix} \right) = 0.$$

## 8.2.5 Ebene aus Normalenform in Koordinatenform bringen

Gegeben sei die Ebenengleichung in Koordinatenform:

$$\begin{pmatrix}-2\\2\\5\end{pmatrix}\cdot\left(\vec{x}-\begin{pmatrix}2\\1\\-1\end{pmatrix}\right)=0$$

Wir benötigen das Skalarprodukt aus den beiden Vektoren in dieser Gleichung.

$$\begin{pmatrix}-2\\2\\5\end{pmatrix}\cdot\begin{pmatrix}2\\1\\-1\end{pmatrix}=-4+2-5=-7$$

Das Skalarprodukt berechnen wir mit dem Rechner, indem wir zuerst die beiden Vektoren als **VctA** und **VctB** eingeben. Anschließend berechnen wir das Skalarprodukt.

$$-2x_1+2x_2+5x_3-(-7)=0$$

$$\Leftrightarrow\quad -2x_1+2x_2+5x_3=-7$$

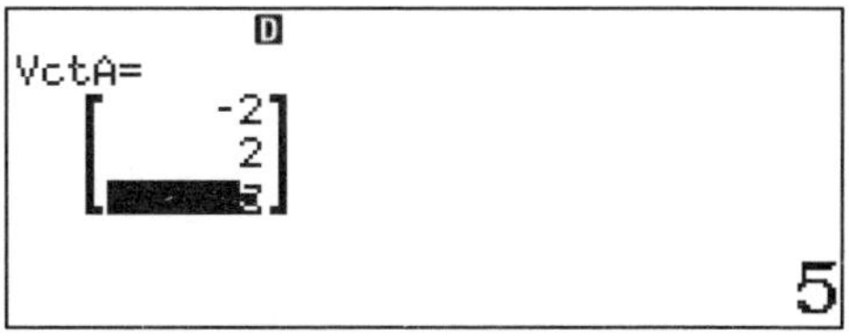


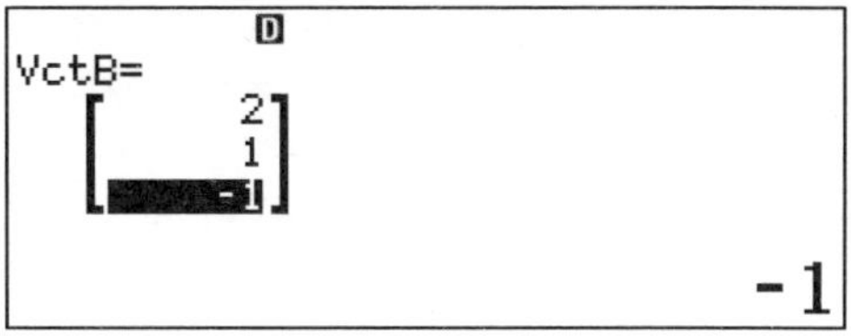


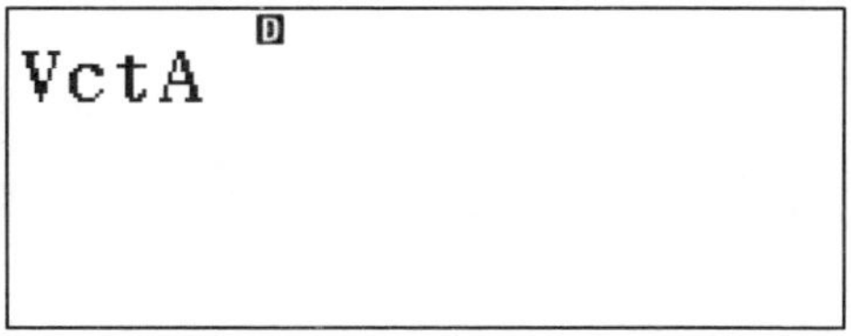

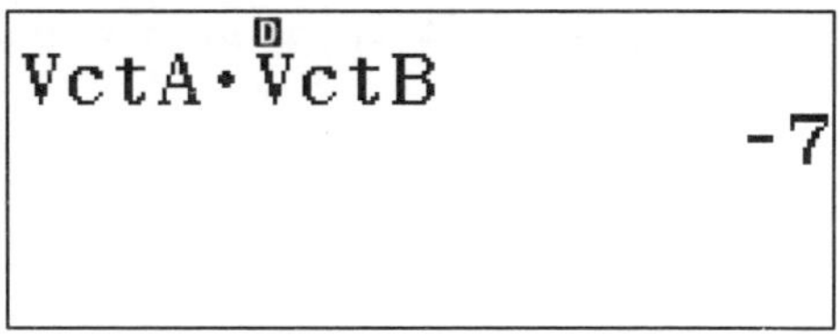

### 8.2.6 Ebene in Parameterform in Normalenform bringen

Gegeben sei eine Ebene in der Parameterform:

$$e: \vec{x} = \begin{pmatrix} -1 \\ 0 \\ 2 \end{pmatrix} + \lambda \cdot \begin{pmatrix} 2 \\ 1 \\ -1 \end{pmatrix} + \mu \cdot \begin{pmatrix} -1 \\ 0 \\ 3 \end{pmatrix}.$$

Für die Normalenform bilden wir das Vektorprodukt der beiden Richtungsvektoren, um einen Normalenvektor zu erhalten. Hierzu geben wir die beiden Richtungsvektoren ein:

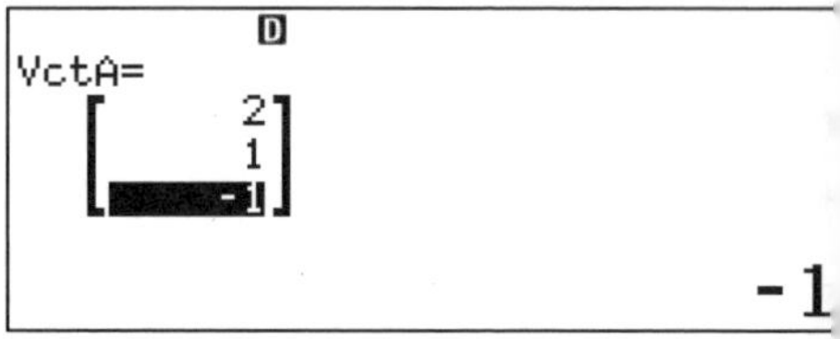


**VctA**: $\vec{a} = \begin{pmatrix} 2 \\ 1 \\ -1 \end{pmatrix}$

**VctB**: $\vec{b} = \begin{pmatrix} -1 \\ 0 \\ 3 \end{pmatrix}$

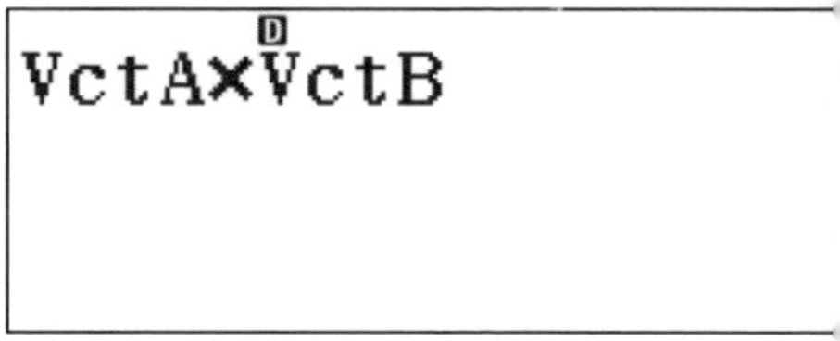


Der Normalenvektor wurde berechnet zu:

$$\vec{n} = \begin{pmatrix} 3 \\ -5 \\ 1 \end{pmatrix}$$

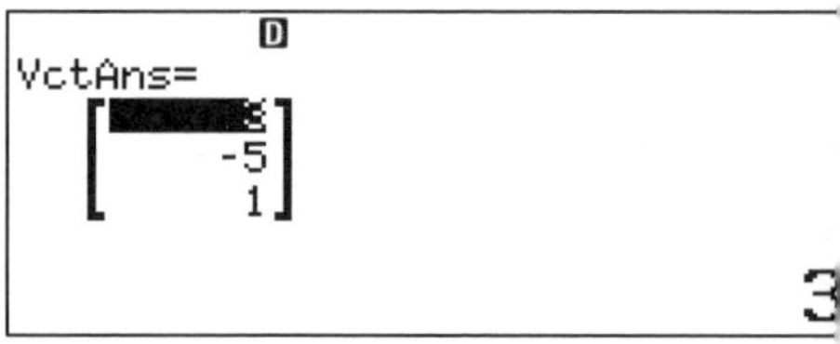


Als Punkt für die Normalenform nehmen wir den Aufpunktvektor:

$$\vec{p} = \begin{pmatrix} -1 \\ 0 \\ 2 \end{pmatrix}$$

Als Normalenform bauen wir nun die Vektoren in die Gleichung $\vec{n} \cdot (\vec{x} - \vec{p}) = 0$ ein und erhalten die Gleichung in Normalenform:

$$\begin{pmatrix} 3 \\ -5 \\ 1 \end{pmatrix} \cdot \left( \vec{x} - \begin{pmatrix} -1 \\ 0 \\ 2 \end{pmatrix} \right) = 0\,.$$

## 8.2.7 Punktprobe Ebene - Bei Normalengleichung d. Ebene

Die Ebene **e** sei geben durch die Punkt-Normalen-Gleichung:

$$\begin{pmatrix}2\\1\\1\end{pmatrix}\cdot\left(\vec{x}-\begin{pmatrix}1\\4\\1\end{pmatrix}\right)=0$$

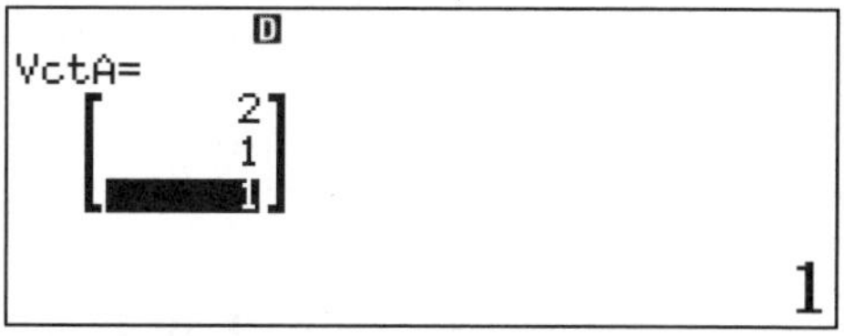


Geprüft werden soll, ob der Punkt $P(-1\,|4\,|5\,)$ auf der Ebene liegt.

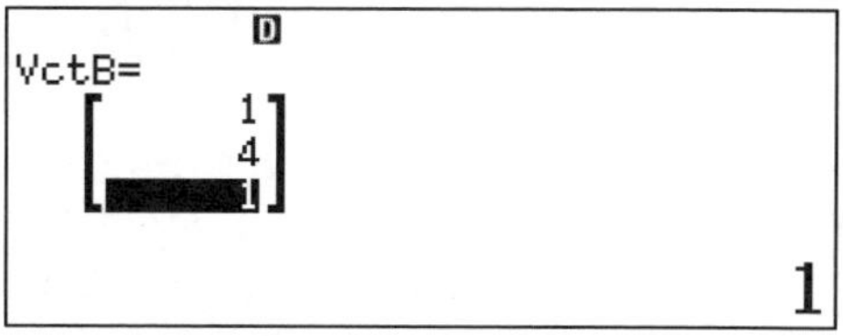


Für die Berechnung müssen wir 3 Vektoren in unseren Speicher eintragen

**VctA**: $\begin{pmatrix}2\\1\\1\end{pmatrix}$ **VctB**: $\begin{pmatrix}1\\4\\1\end{pmatrix}$ **VctC**: $\begin{pmatrix}-1\\4\\5\end{pmatrix}$

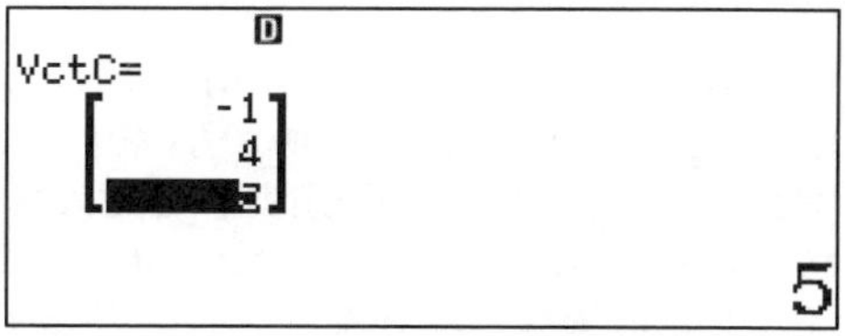


und anschließend den Ausdruck

$$VctA\cdot(VctC-VctB)$$

berechnen.

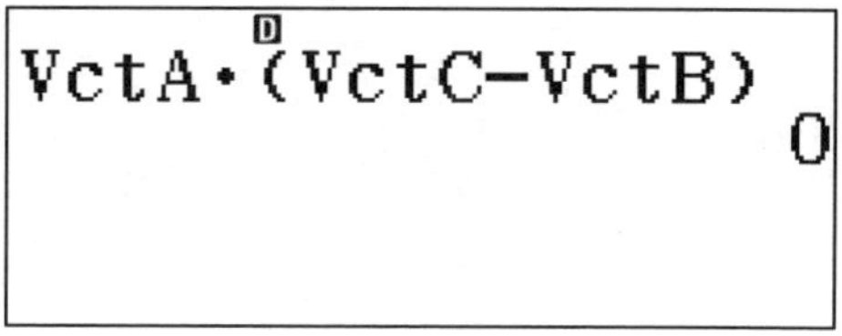


**Wenn das Skalarprodukt Null ist, liegt der Punkt in der Ebene!**

**Beachte** die Reihenfolge der Vektoren und die Form der Gleichung.
**Das Zeichen zur Multiplikation darf nur als Skalarprodukt eingegeben werden!**

### 8.2.8 Abstand Punkt - Ebene

#### Variante 1: Lotgerade und Lotfußpunkt

Gegeben sei der Punkt $P(7\,|2\,|-1\,)$ und die Ebenengleichung in Parameterform.

$$e{:}\,\vec{x}=\begin{pmatrix}-1\\0\\2\end{pmatrix}+\lambda\cdot\begin{pmatrix}2\\1\\-1\end{pmatrix}+\mu\cdot\begin{pmatrix}-1\\0\\3\end{pmatrix}$$

Aus dem Punkt **P** und dem Normalenvektor der Ebene kann eine **Lot-gerade** gebildet werden. Der Schnittpunkt der Lotgeraden mit der Ebene liefert den sog. Lotfußpunkt **L**. **Der Abstand von P zum Lotfußpunkt L ist der Abstand der Ebene zum Punkt P**.

Wir bestimmen einen Normalen-vektor aus dem Kreuzprodukt (Vektor-produkt) der beiden Rich-tungsvektoren. Hierzu geben wir die beiden Richtungsvektoren ein:

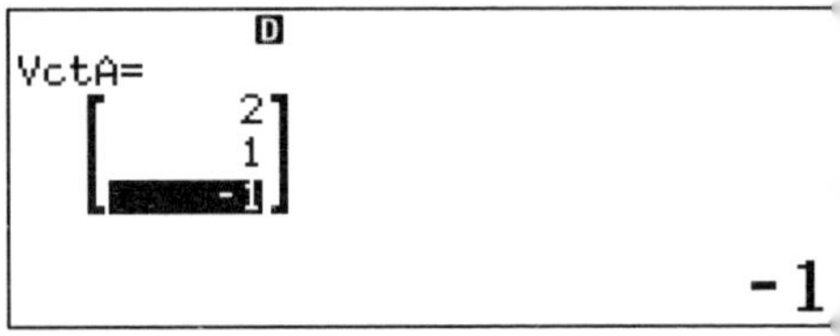


**VctA**: $\vec{a}=\begin{pmatrix}2\\1\\-1\end{pmatrix}$

**VctB**: $\vec{b}=\begin{pmatrix}-1\\0\\3\end{pmatrix}$

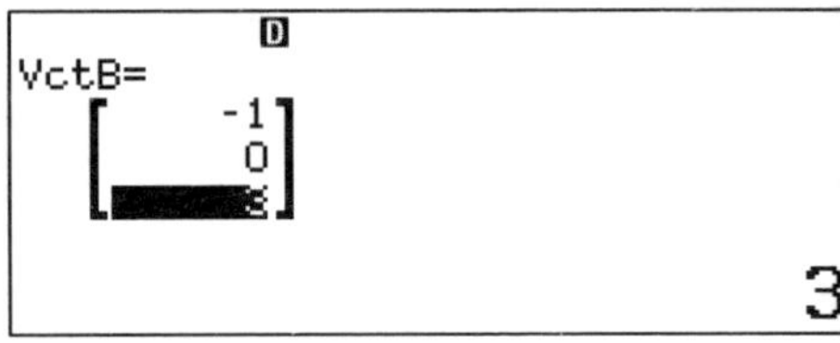


Der Normalenvektor lautet:

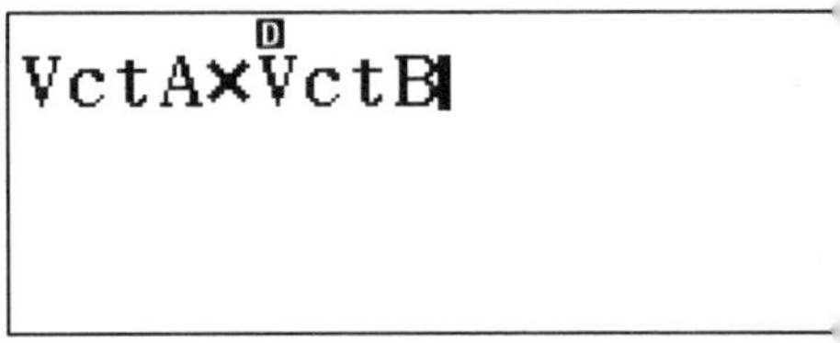


$\vec{n}=\begin{pmatrix}3\\-5\\1\end{pmatrix}$

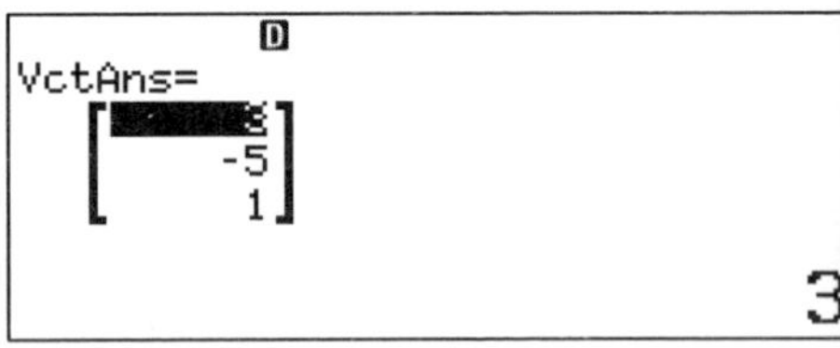

Zusätzlich wollen wir für Variante 2 - die später folgt - noch den Normalenvektor $\vec{n}$ **auf die Länge 1 normieren**. Wähle hierzu im Vektorfenster die Taste **OPTN** und **4:Einheitsvektor**.

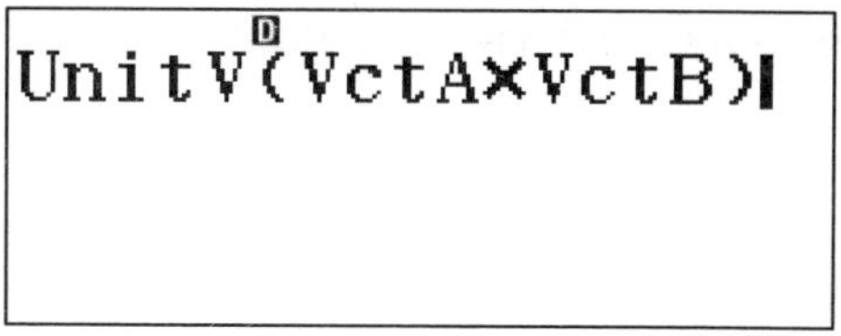

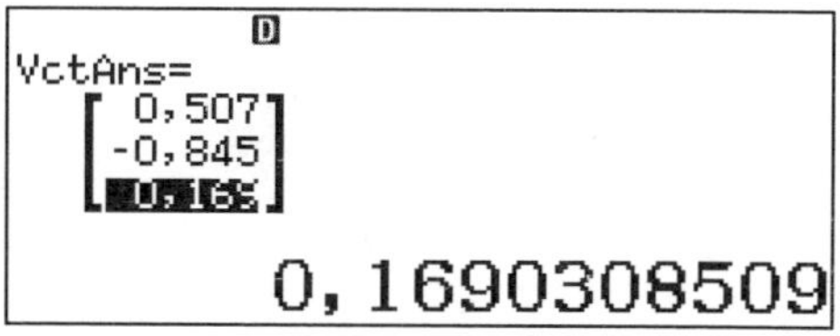


Mit dem Punkt $P(7\,|2\,|-1\,)$ und dem Normalenvektor bilden wir die Gleichung der Lotgeraden.

$$g\colon \vec{x} = \begin{pmatrix} 7 \\ 2 \\ -1 \end{pmatrix} + \nu \cdot \begin{pmatrix} 3 \\ -5 \\ 1 \end{pmatrix}$$

Wir setzen Gerade und Ebenengleichung gleich und müssen nun ein Gleichungssystem mit 3 Unbekannten lösen.

$$\begin{pmatrix} 7 \\ 2 \\ -1 \end{pmatrix} + \nu \cdot \begin{pmatrix} 3 \\ -5 \\ 1 \end{pmatrix} = \begin{pmatrix} -1 \\ 0 \\ 2 \end{pmatrix} + \lambda \cdot \begin{pmatrix} 2 \\ 1 \\ -1 \end{pmatrix} + \mu \cdot \begin{pmatrix} -1 \\ 0 \\ 3 \end{pmatrix}$$

Wir formen etwas um, damit wir die Parameter in den Rechner eingeben können.

$$\nu \cdot \begin{pmatrix} 3 \\ -5 \\ 1 \end{pmatrix} - \lambda \cdot \begin{pmatrix} 2 \\ 1 \\ -1 \end{pmatrix} - \mu \cdot \begin{pmatrix} -1 \\ 0 \\ 3 \end{pmatrix} = \begin{pmatrix} -8 \\ -2 \\ 3 \end{pmatrix}$$

Wir lösen ein lineares Gleichungssystem mit 3 Unbekannten.

(I) $3\nu - 2\,\lambda + \mu = -8$

(II) $-5\nu - \lambda = -2$

(III) $\nu + \lambda - 3\mu = 3$

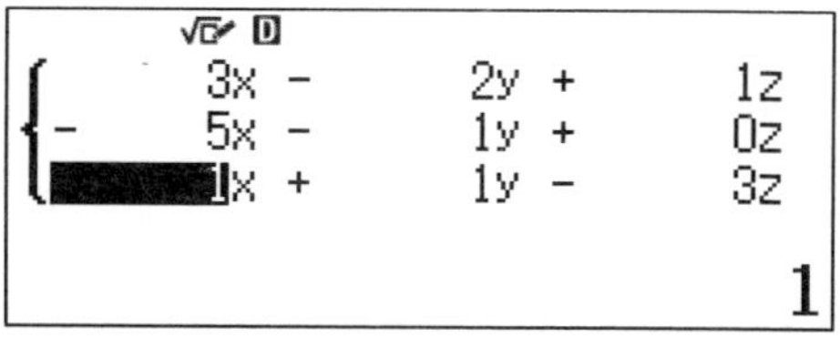


Im **Hauptmenü** über den Punkt **A:Gleichung/Funkt** geben wir die Parameter ein.

Wir erhalten die Lösungen.
x entspricht $v$.

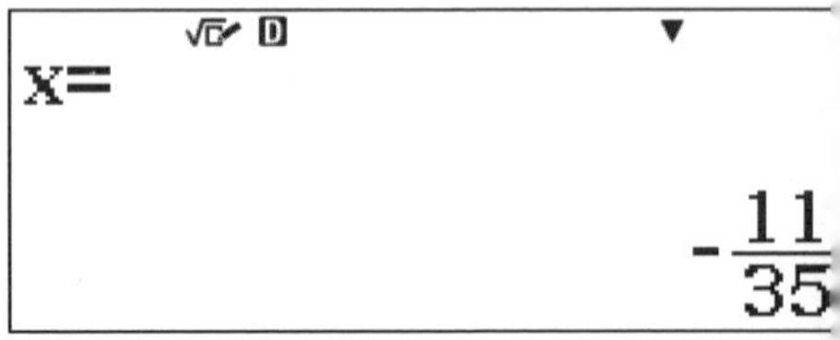


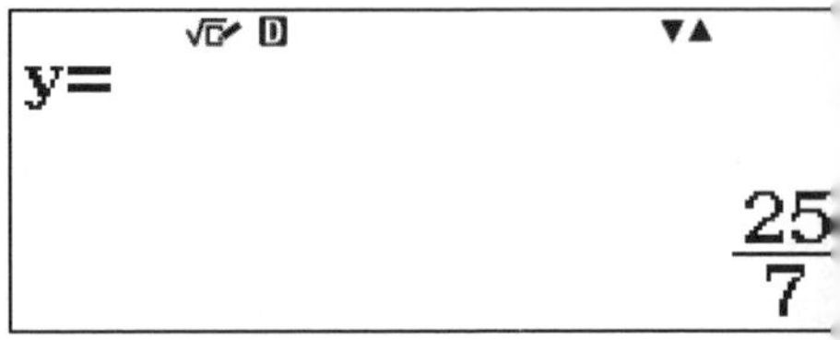


Eingesetzt in die Geradengleichung erhalten wir den Lotfußpunkt:
$x = -\frac{11}{35}$,

$$g: \vec{x} = \begin{pmatrix} 7 \\ 2 \\ -1 \end{pmatrix} - \frac{11}{35} \cdot \begin{pmatrix} 3 \\ -5 \\ 1 \end{pmatrix}$$

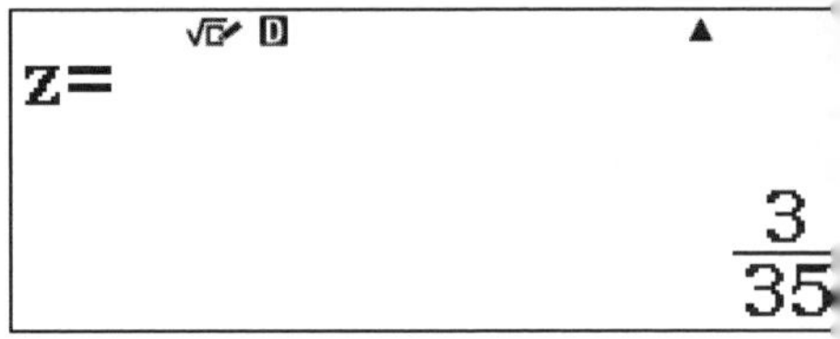


Lotfußpunkt: $L(\frac{212}{35} \left|\frac{25}{7}\right| - \frac{46}{35})$

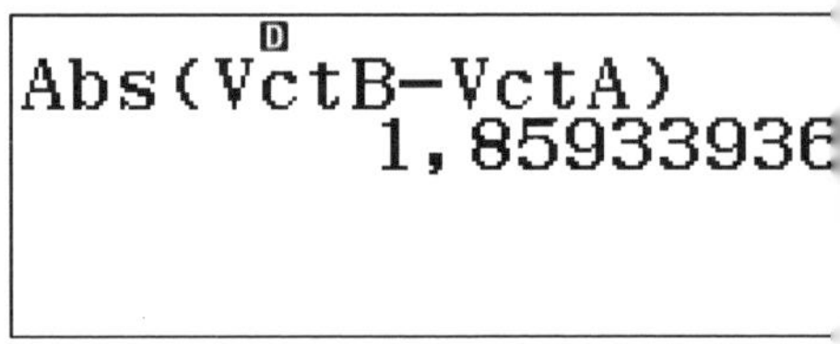


Nach bekanntem Schema können wir jetzt den Abstand der beiden Punkte berechnen.

Der Abstand des Punktes von der Ebene beträgt $|\vec{l} - \vec{p}| \approx 1{,}86$.

## Variante 2: Lotgerade und Lotfußpunkt mit Koordinatengleichung

Gegeben sei der Punkt $P(7\,|2\,|-1\,)$ und die Ebenengleichung in Koordinatenform: $e: 3x_1 - 5x_2 + x_3 = -1$ .

Die Werte für $x_1, x_2, x_3$ der Lotgeraden (siehe Abschnitt zuvor)

$$g: \vec{x} = \begin{pmatrix} x_1 \\ x_2 \\ x_3 \end{pmatrix} = \begin{pmatrix} 7 \\ 2 \\ -1 \end{pmatrix} + \nu \cdot \begin{pmatrix} 3 \\ -5 \\ 1 \end{pmatrix}$$

setzen wir in die Koordinatengleichung ein und erhalten:

$$3 \cdot (7 + 3\nu) - 5 \cdot (2 - 5\nu) + (-1 + \nu) = -1$$

$$\Leftrightarrow 21 + 9\nu - 10 + 25\nu - 1 + \nu = -1 \Leftrightarrow$$

$$\Leftrightarrow 10 + 35\nu = -1$$

$$\Leftrightarrow \nu = -\frac{11}{35}$$

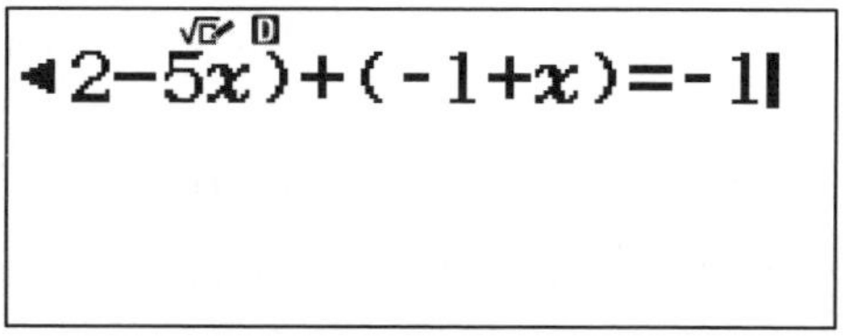


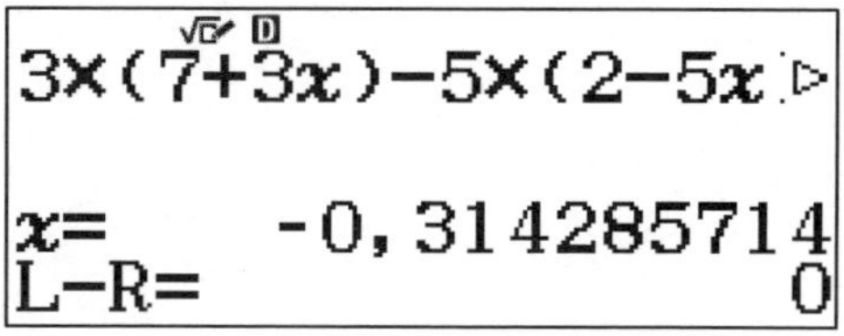


Die erste Gleichung können wir auch mit unserem Rechner lösen.

**Achtung!** Bei der Eingabe eines derart langen Rechenausdrucks dürfen bei der Eingabe keine Fehler gemacht werden!

Wir erhalten die gleiche Lösung wie in Variante 1, nur etwas schneller.

### 8.2.9 Lagebeziehung zweier Geraden, Abstand

Gegeben seien die beiden Geraden:

$$g: \vec{x} = \begin{pmatrix} 3 \\ 2 \\ -1 \end{pmatrix} + \lambda \cdot \begin{pmatrix} 3 \\ -2 \\ 1 \end{pmatrix}, \qquad h: \vec{x} = \begin{pmatrix} 1 \\ 1 \\ 1 \end{pmatrix} + \mu \cdot \begin{pmatrix} -2 \\ 1 \\ 0 \end{pmatrix}.$$

Es ist offensichtlich, dass beide Richtungsvektoren nicht linear abhängig sind (siehe Vorzeichen und Nullkomponente). **Daher kommen nur zwei Möglichkeiten in Betracht**:

- Die Geraden schneiden sich.
- Die Geraden verlaufen windschief.

**1. Fall: Schnittpunkt prüfen**

Wir setzen beide Gleichungen gleich und formen etwas um.

$$\begin{pmatrix} 3 \\ 2 \\ -1 \end{pmatrix} + \lambda \cdot \begin{pmatrix} 3 \\ -2 \\ 1 \end{pmatrix} = \begin{pmatrix} 1 \\ 1 \\ 1 \end{pmatrix} + \mu \cdot \begin{pmatrix} -2 \\ 1 \\ 0 \end{pmatrix}$$

$$\Leftrightarrow \quad \lambda \cdot \begin{pmatrix} 3 \\ -2 \\ 1 \end{pmatrix} - \mu \cdot \begin{pmatrix} -2 \\ 1 \\ 0 \end{pmatrix} = \begin{pmatrix} -2 \\ -1 \\ 2 \end{pmatrix}$$

Wir müssen ein Gleichungssystem mit 3 Gleichungen und 2 Unbekannten lösen. Das Gleichungssystem ist überbestimmt. Wir betrachten nur die ersten beiden Gleichungen und lösen ein Gleichungssystem mit 2 Gleichungen und 2 Unbekannten. Sollte dieses lösbar sein und 2 eindeutige Lösungen liefern, müssen wir die dritte Gleichung mit diesen Werten noch prüfen.

Lösung eines linearen Gleichungssystems für die ersten beiden Zeilen:

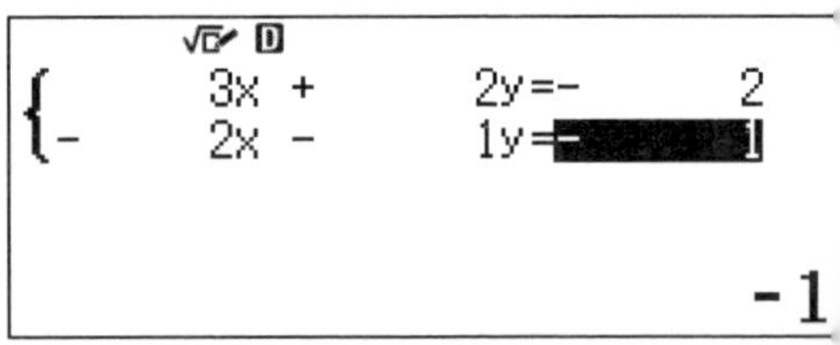

Wir erhalten als Lösung
$x = 4, y = -7$.

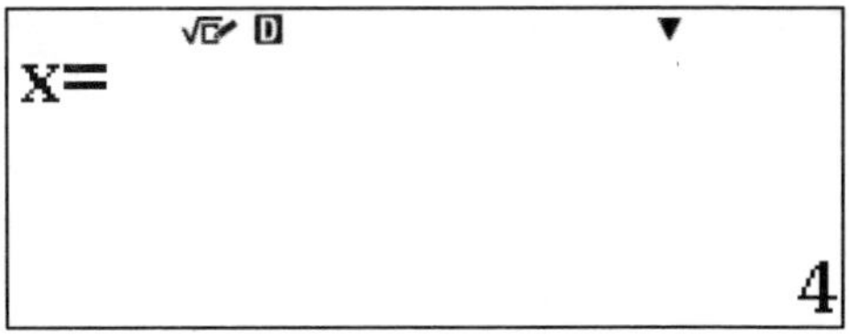


**x** entspricht $\lambda$, **y** entspricht $\mu$ in unserer Gleichung.

Mit $\lambda, \mu$ müssen wir die 3. Gleichung jetzt prüfen.

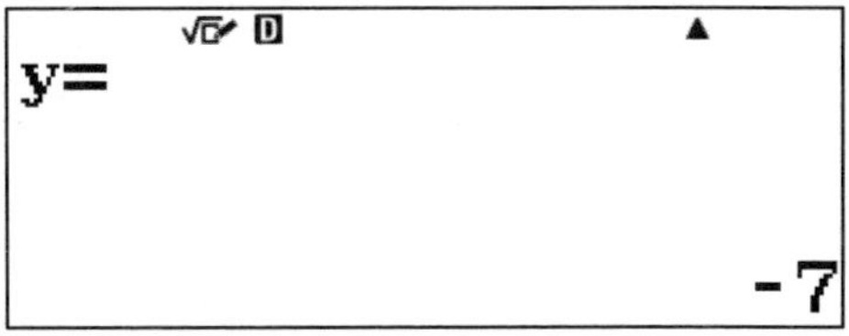


Wir tippen die Werte einfach im Berechnungsmodus ein:
$x = 4, y = -7$

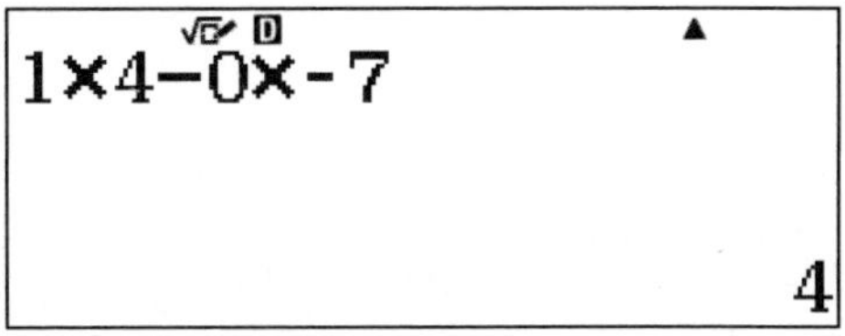


$1 \cdot x - 0 \cdot y = 2$ **Falsch**.

Alternativ können wir im **Hauptmenü** auch den Punkt **C:Berechn prüf** wählen.

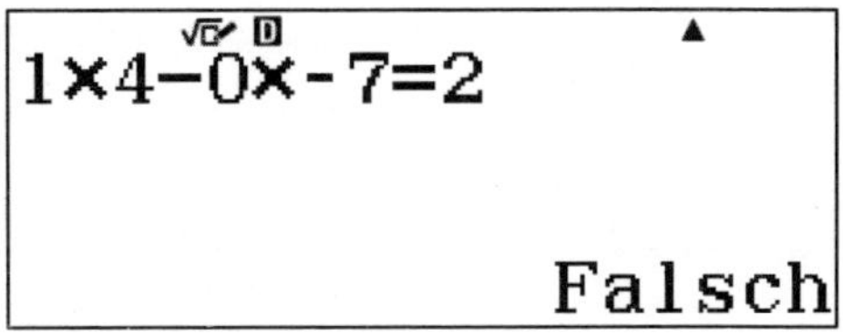


**Die beiden Geraden schneiden sich NICHT und sind somit windschief!**

## 2. Fall: Abstand windschiefer Geraden berechnen

Für zwei windschiefe Geraden gilt die Abstandsformel: $d = |(\vec{q} - \vec{p}) \cdot \overrightarrow{n_0}|$ .

$\vec{p}$ und $\vec{q}$ sind hier die Aufpunktvektoren der beiden Geraden und $\overrightarrow{n_0}$ ist der auf 1 normierte Normalenvektor, der aus den beiden Richtungsvektoren gebildet wird. Diese Formel erhält man über den Umweg der Abstandsberechnung eines Punktes von einer Ebene, wenn man aus den beiden Richtungsvektoren der beiden Geraden eine Ebene konstruiert. In unserem Fall gilt:

$$\vec{p} = \begin{pmatrix} 3 \\ 2 \\ -1 \end{pmatrix}, \quad \vec{q} = \begin{pmatrix} 1 \\ 1 \\ 1 \end{pmatrix}, \quad \vec{n} = \begin{pmatrix} 3 \\ -2 \\ 1 \end{pmatrix} \times \begin{pmatrix} -2 \\ 1 \\ 0 \end{pmatrix}$$

Wir speichern:

$\vec{p} \to VctA, \vec{q} \to VctB.$

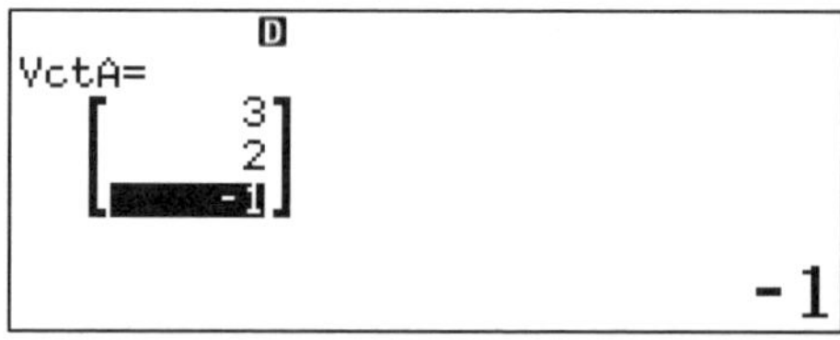


Die beiden Vektoren für das Kreuzprodukt speichern wir in

$$\begin{pmatrix} 3 \\ -2 \\ 1 \end{pmatrix} \to VctC$$

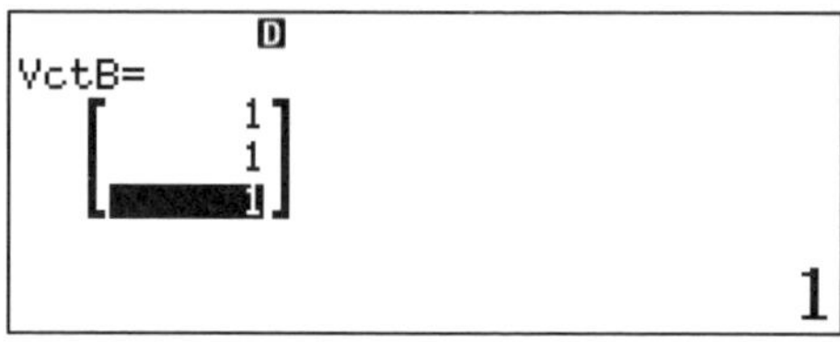


$$\begin{pmatrix} -2 \\ 1 \\ 0 \end{pmatrix} \to VctD$$

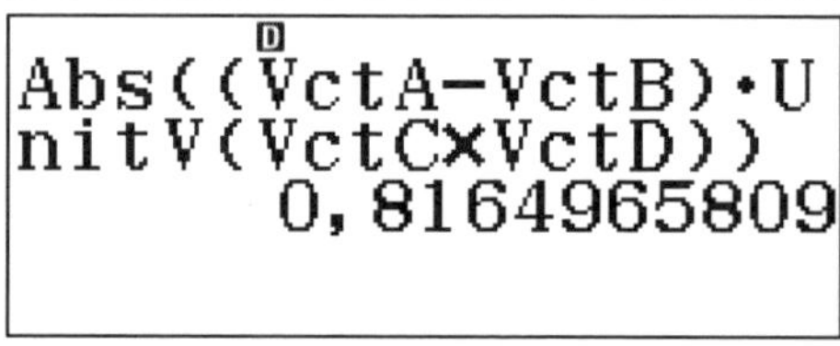


um das Kreuzprodukt als Einheitsvektor (**UnitV**) in einer Formel zu berechnen.

**Beachte, dass das Zeichen für das Skalarprodukt auch als Skalarprodukt ausgewählt und eingegeben wird!**

Der Abstand der beiden Geraden beträgt $d \approx 0{,}82$.

## 8.2.10 Lagebeziehung Punkt - Kugel

Wir wollen prüfen, ob der Punkt $P\ (1|\ 4|\ 7)$ auf der Kugel mit der Gleichung

$$(x_1 - 4)^2 + (x_2 + 1)^2 + (x_3 - 2)^2 = 6^2$$

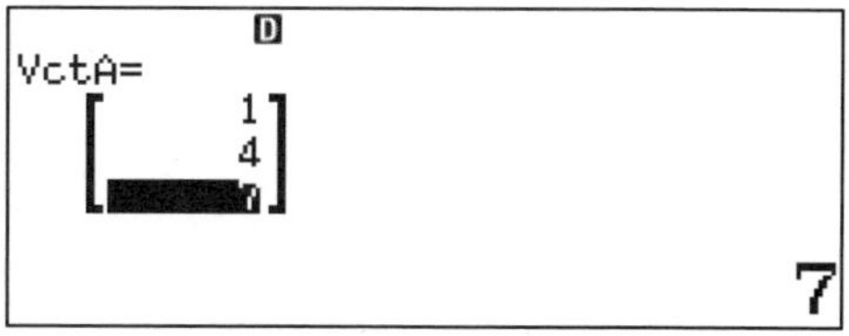


liegt oder ob der Punkt innerhalb oder außerhalb der Kugel liegt.
Wir stellen diese Gleichung in eine vektorielle Form um:

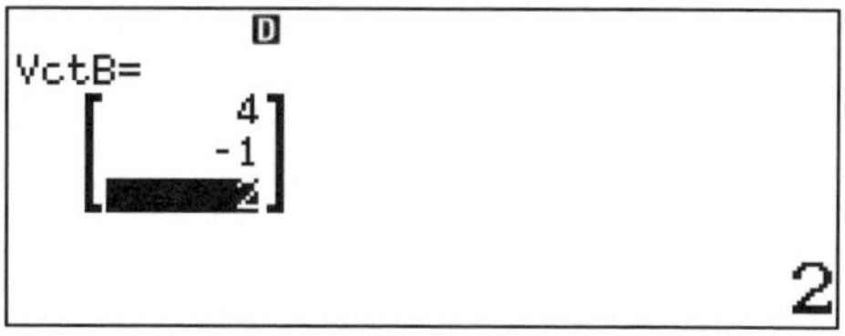


Wir geben beide Vektoren ein.

$$\left|\vec{x} - \begin{pmatrix} 4 \\ -1 \\ 2 \end{pmatrix}\right|^2 = 6^2$$

Der Radius der Kugel beträgt $r = 6$. Daher prüfen wir den Abstand von Mittelpunkt zu Punkt **P**.

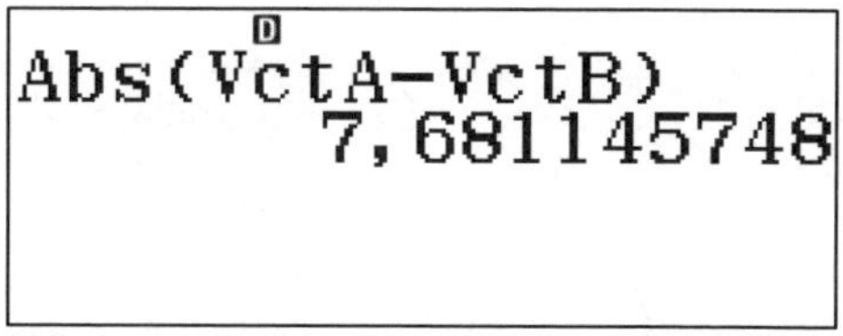


Wir berechnen den Abstand von Mittelpunkt zum gegebenen Punkt.

$$|\vec{p} - \vec{m}| = \left|\begin{pmatrix} 1 \\ 4 \\ 7 \end{pmatrix} - \begin{pmatrix} 4 \\ -1 \\ 2 \end{pmatrix}\right| =$$

$$\sqrt{(-3)^2 + 5^2 + 5^2} \approx 7{,}68$$

Der Punkt **P** liegt nicht auf der Kugel, er liegt außerhalb.

### 8.2.11 Lagebeziehung Gerade - Kugel

Eine Gerade kann eine Kugel schneiden (in zwei Punkten), berühren (in einem Punkt) oder an der Kugel vorbei verlaufen.

Wir wollen prüfen, ob die Gerade

$$g: \vec{x} = \begin{pmatrix} 3 \\ 2 \\ 2 \end{pmatrix} + \lambda \cdot \begin{pmatrix} 1 \\ 1 \\ 1 \end{pmatrix},$$

die Kugel mit der Gleichung

$$(x_1 - 4)^2 + (x_2 + 1)^2 + (x_3 - 2)^2 = 6^2$$

schneidet. Wir stellen die Geradengleichung um und setzen die Werte für $x_1, x_2, x_3$ in die Koordinatengleichung der Kugel ein.

$$\begin{pmatrix} x_1 \\ x_2 \\ x_3 \end{pmatrix} = \begin{pmatrix} 3 \\ 2 \\ 2 \end{pmatrix} + \lambda \cdot \begin{pmatrix} 1 \\ 1 \\ 1 \end{pmatrix}$$

Das führt zu einer quadratischen Gleichung, die gelöst werden muss.

$$(3 + \lambda - 4)^2 + (2 + \lambda + 1)^2 + (2 + \lambda - 2)^2 = 36$$

$$\Leftrightarrow \quad (\lambda - 1)^2 + (\lambda + 3)^2 + \lambda^2 = 36$$

$$\Leftrightarrow \quad \lambda^2 - 2\lambda + 1 + \lambda^2 + 6\lambda + 9 + \lambda^2 = 36$$

$$\Leftrightarrow \quad 3\lambda^2 + 4\lambda - 26 = 0$$

Anstelle von $\lambda$ nehmen wir **x** und lösen eine quadratische Gleichung.

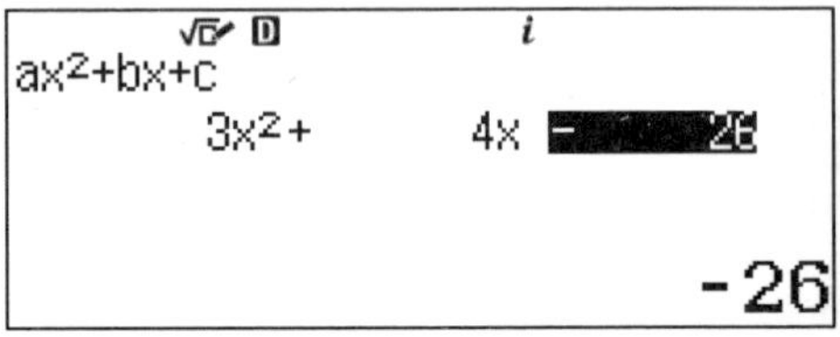


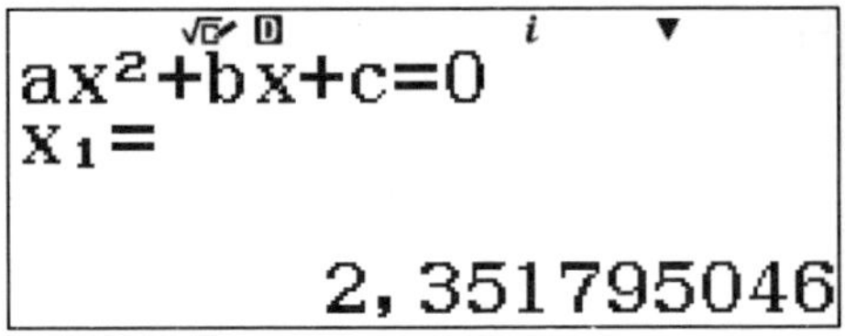


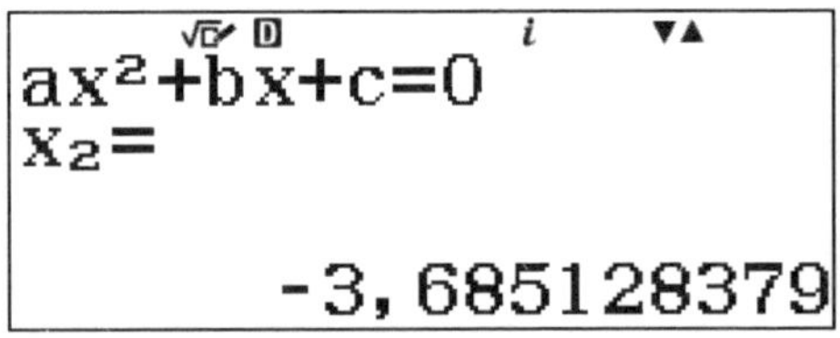


Die quadratische Gleichung hat zwei Lösungen. Die Gerade schneidet folglich die Kugel.

Setzt man die beiden Lösungen für $\lambda$ in die Geradengleichung ein, erhält man die zwei Schnittpunkte.

## 8.3 Rechnen mit Matrizen

Zur Berechnung von Aufgaben mit Matrizen wechseln wir im **Hauptmenü** in den Punkt **4: Matrizen.** Hier legen wir zunächst Matrizen an.

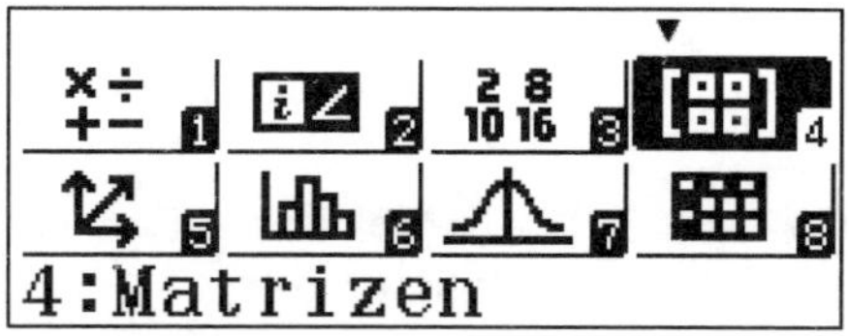


### 8.3.1 Matrizen im Vektorspeicher hinterlegen

**Wir können 4 Matrizen (A, B, C, D) definieren**. Nur mit diesen Matrizen können wir anschließend rechnen.

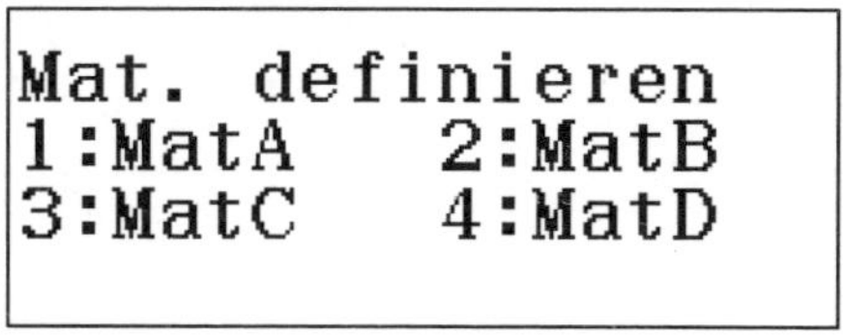


Wir geben die folgenden 3 x 3 Matrizen ein:

$$A = \begin{pmatrix} 1 & 0 & 3 \\ 3 & 2 & 0 \\ 4 & 1 & 5 \end{pmatrix}, \; B = \begin{pmatrix} -1 & 2 & 0 \\ 0 & 4 & -2 \\ 1 & 3 & 5 \end{pmatrix}$$

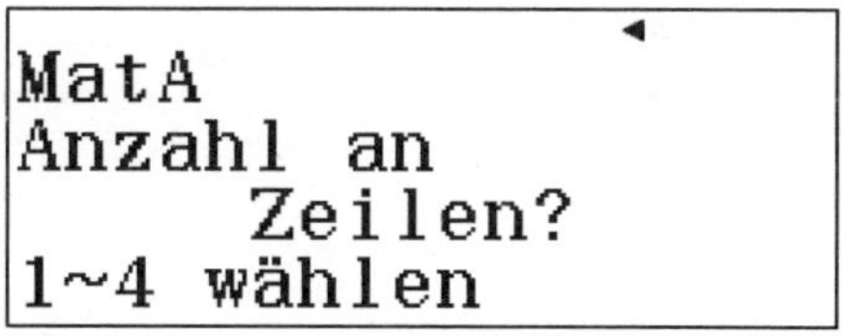


Wir wählen 1 für **MatA** und **3 Zeilen sowie 3 Spalten**. Anschließend geben wir die Komponenten der Matrix ein und schließen immer mit der Taste **=** ab.

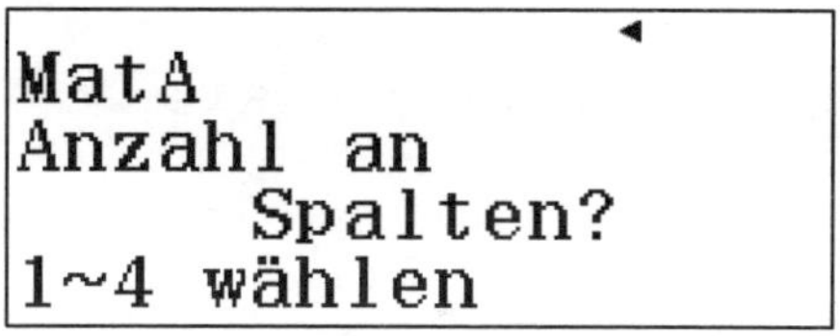


Mit der Taste **OPTN** können wir anschließend mit **1:Mat. definieren** eine weitere Matrix eingeben. Hierzu wählen wir an entsprechender Stelle **2:MatB** und wieder die **Dimension** für Zeilen und Spalten aus.

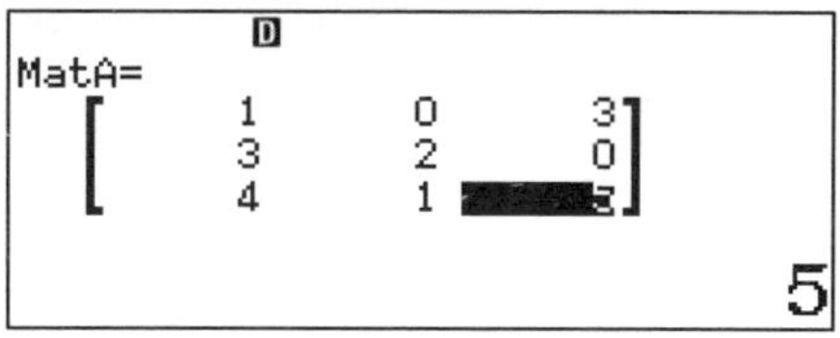


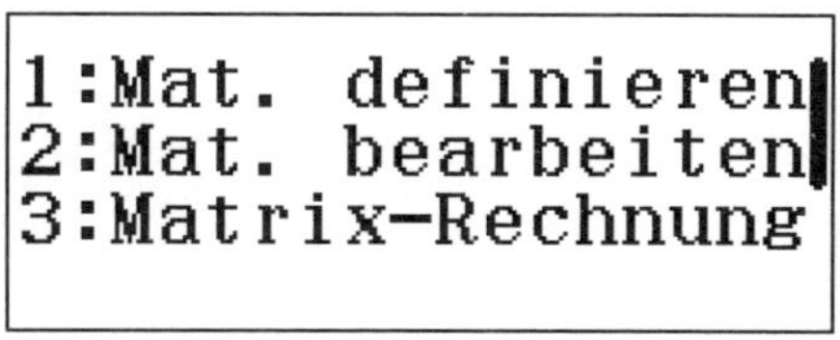


Aus dem Eingabemodus gehen wir mit der Taste **AC** heraus und wir befinden uns im **Matrix-Berechnungsfenster.**

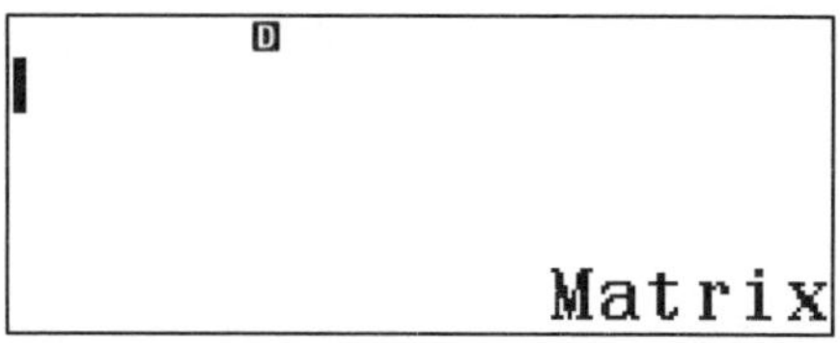

### 8.3.2 Rechnen mit Matrizen - Addition und Vervielfachen

Wir rechnen mit den beiden Matrizen **A** und **B** aus dem vorherigen Beispiel.
Über die Taste **OPTN** wählen wir die gewünschten Matrizen aus.

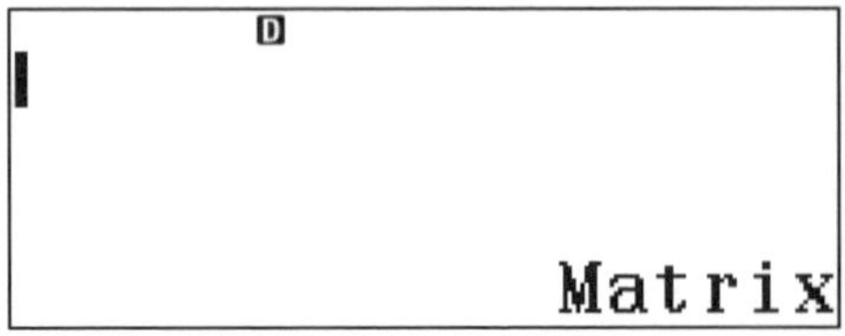


$$A+B=\begin{pmatrix}1&0&3\\3&2&0\\4&1&5\end{pmatrix}+\begin{pmatrix}-1&2&0\\0&4&-2\\1&3&5\end{pmatrix}$$

$$=\begin{pmatrix}0&2&3\\3&6&-2\\5&4&10\end{pmatrix}$$

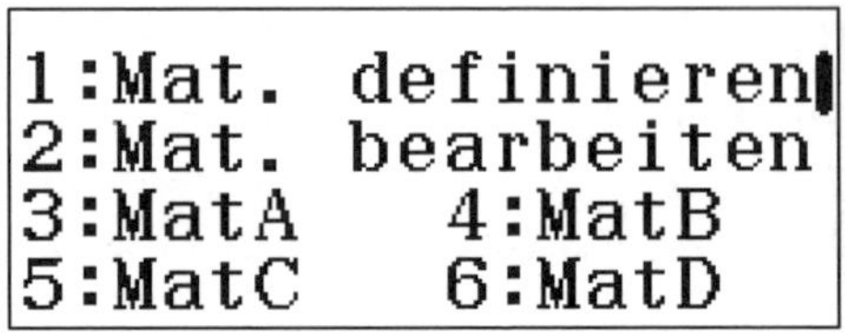


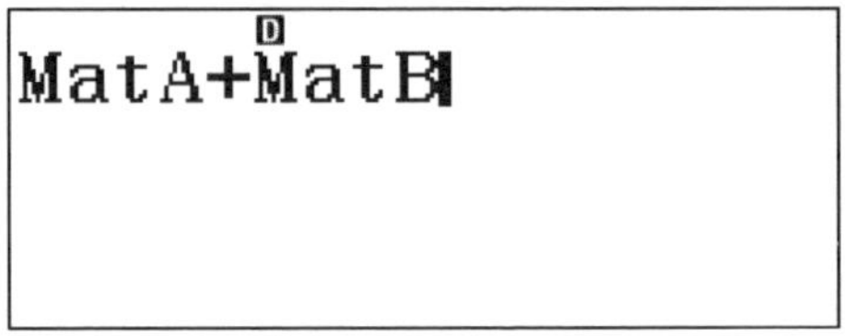


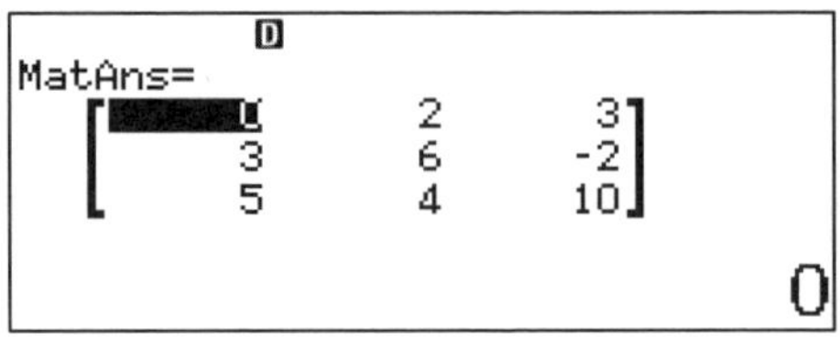


Analog berechnen wir das Vierfache einer Matrix.

$$4\cdot A=\begin{pmatrix}4&0&12\\12&8&0\\16&4&20\end{pmatrix}$$

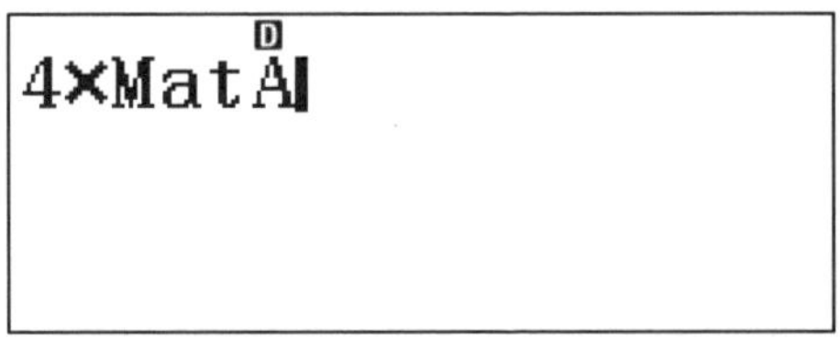


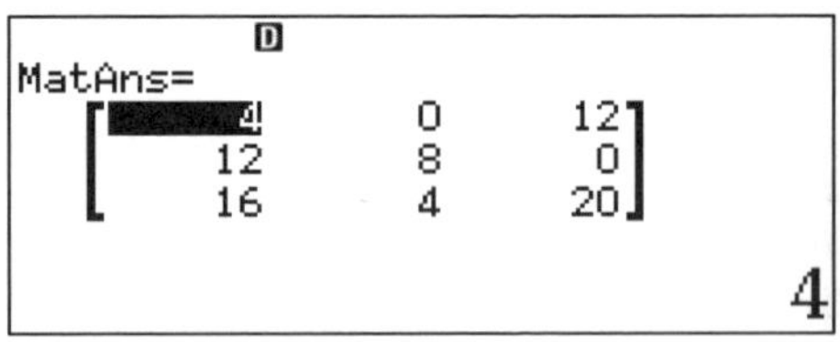

### 8.3.3 Determinante - Transponierte - Einheitsmatrix

Drücken wir die Taste **OPTN** und blättern mit der Pfeiltaste nach unten, erhalten wir die Auswahl:

**1:MatAns**
liefert die Matrix im Antwortspeicher.

**2:Determinante**
berechnet die Determinante einer Matrix.

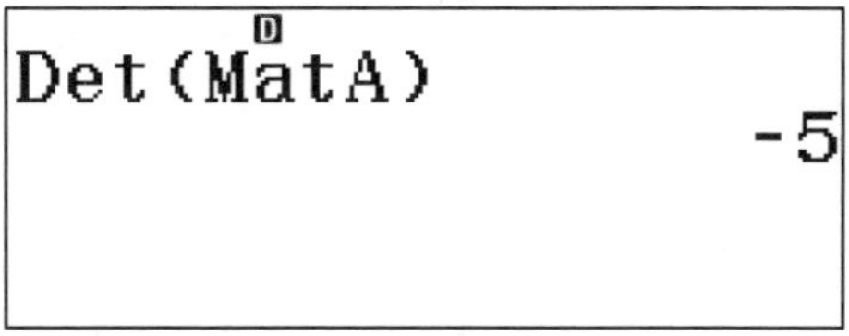


**3:Transponierte**
berechnet die Transponierte einer Matrix.

**4:Einheitsmatrix**
erstellt eine Einheitsmatrix

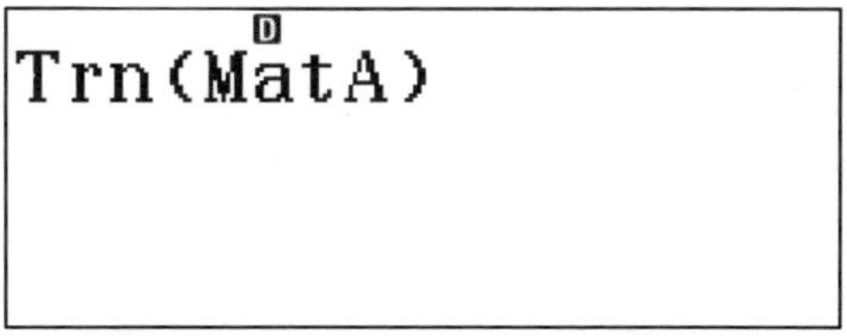


Die Matrix wählen wir jeweils wieder über die Taste **OPTN** aus.

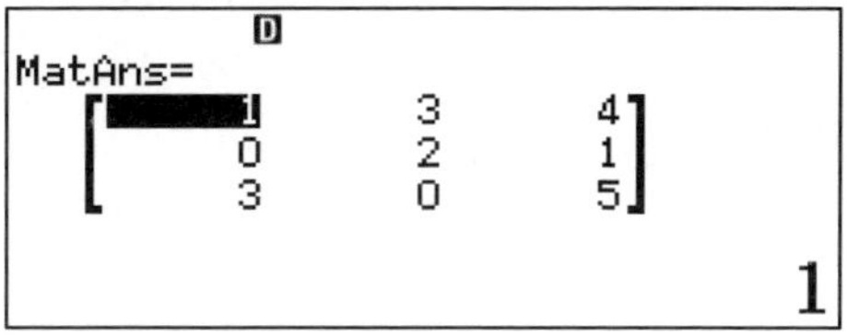


Erstellen wir eine **Einheitsmatrix**, geben wir in Klammern die Dimension der Einheitsmatrix an.
Diese befindet sich anschließend im Antwortspeicher und kann damit in Berechnungen eingebaut werden.

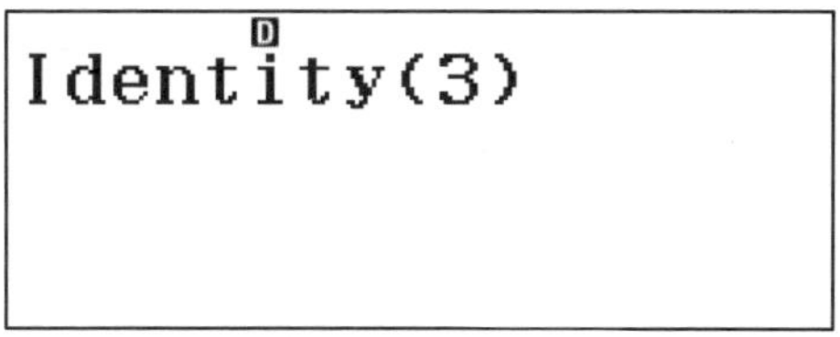


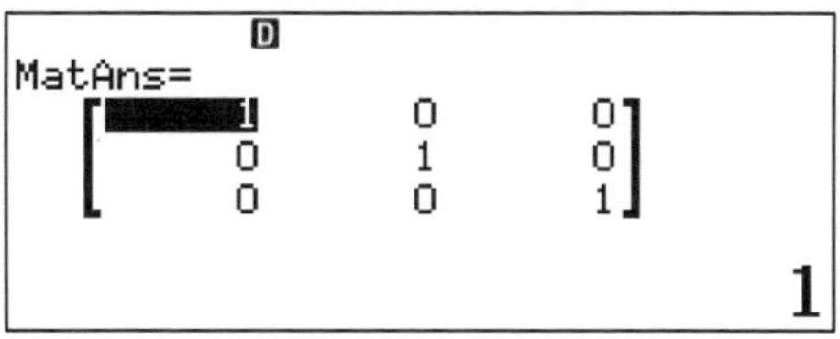

### 8.3.4 Inverse Matrix - Diagonalform einer Matrix

Für die **Inverse** einer Matrix verwenden wir die Taste: [$x^{-1}$]

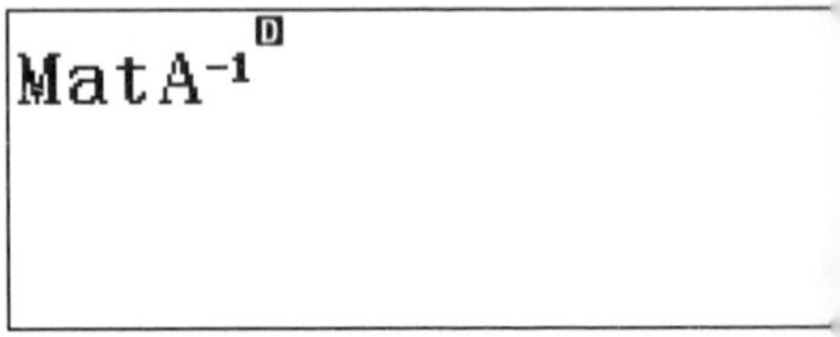


Wir geben ein:

[OPTN] [3] [$x^{-1}$] [=]

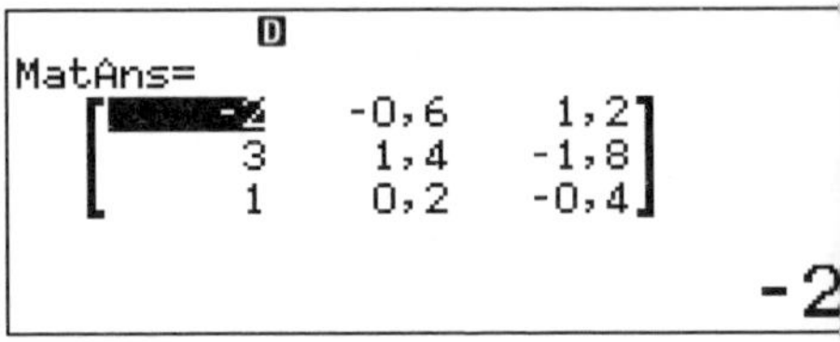


Für die **Diagonalform** drücken wir die Taste **OPTN** und blättern in das 3. Fenster nach unten. Dort finden wir den Eintrag **1: Stufenform**.

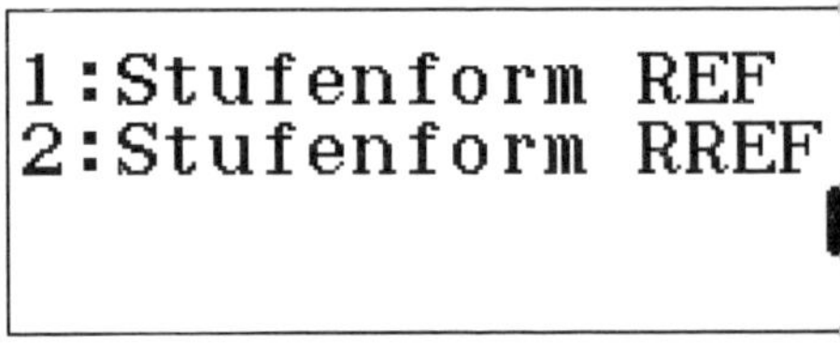


Wir wählen diesen Eintrag und anschließend die gewünschte Matrix **MatA** aus den früheren Beispielen aus.

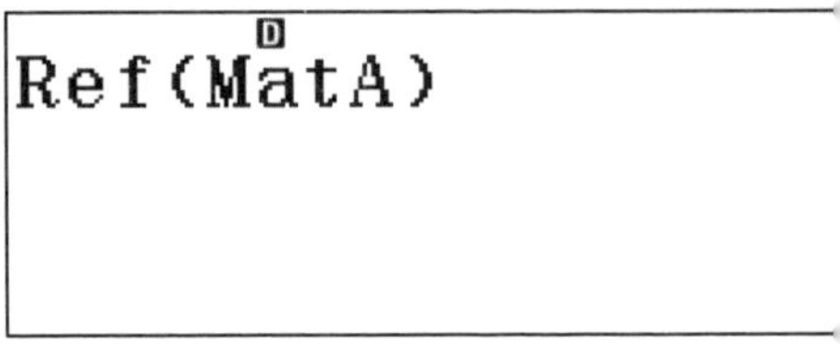


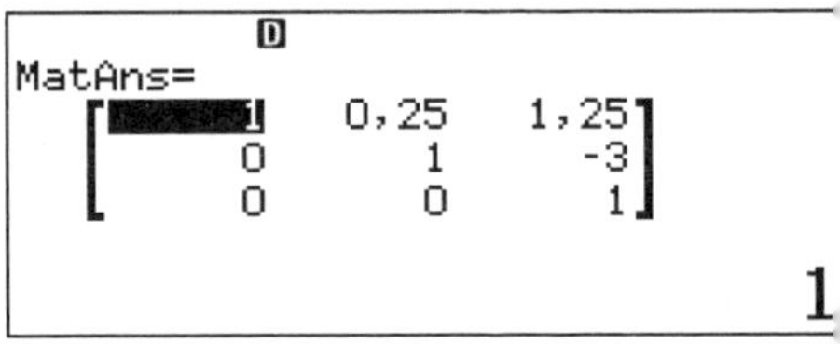

# 9 Lösungen zu den Übungen

## 9.1 Lösungen zu Kapitel 1

1 a)

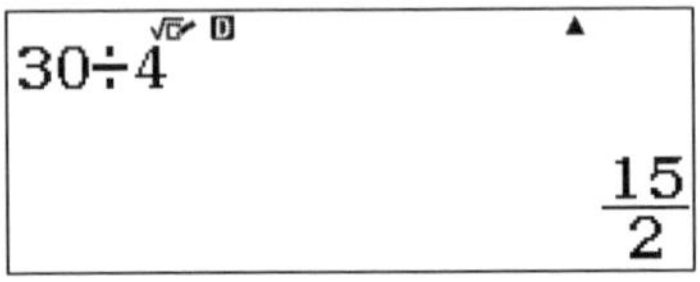


1:Bruchergebnis

2: d/c

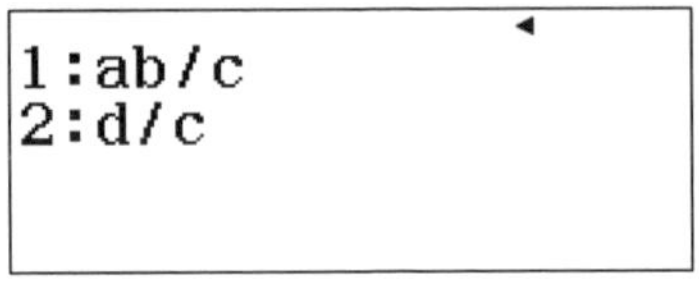


1 b)

1: ab/c

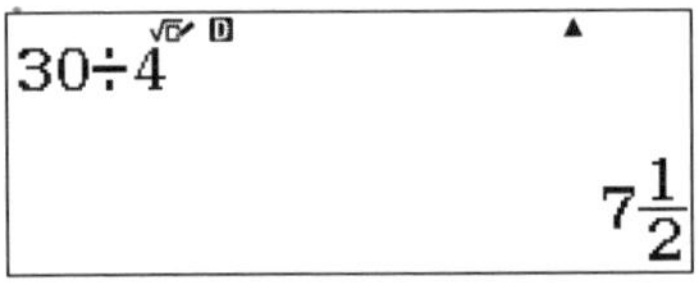


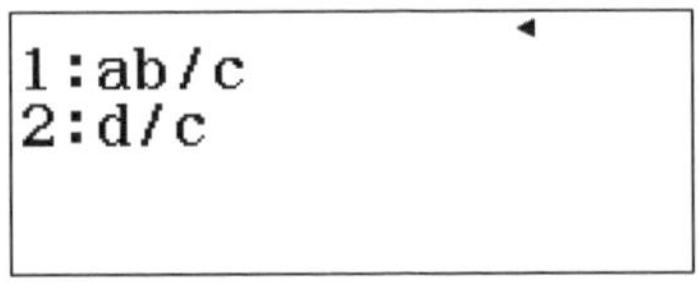


1 c)

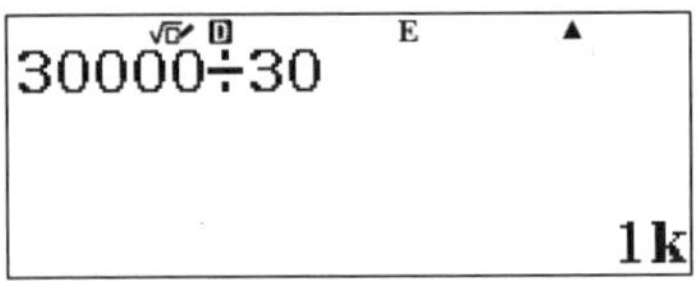


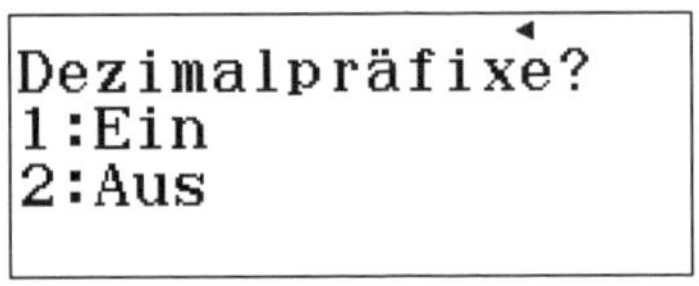


1:Ein

2 a)

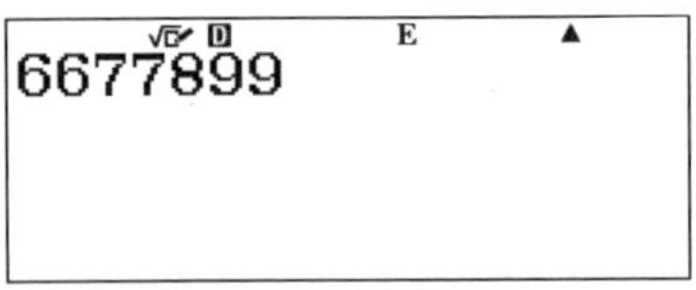


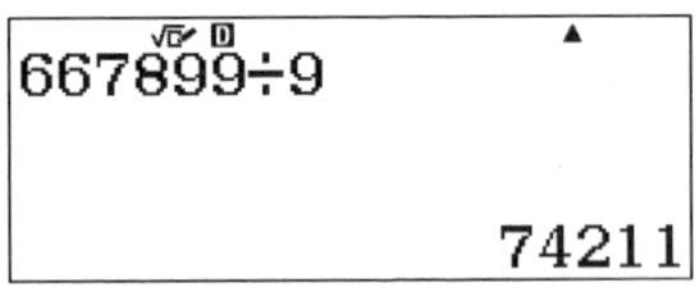

2 b)

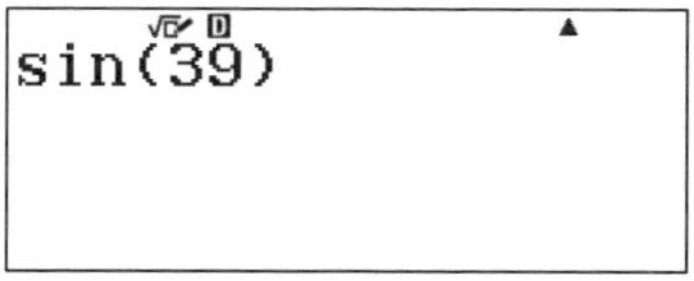
sin(39)

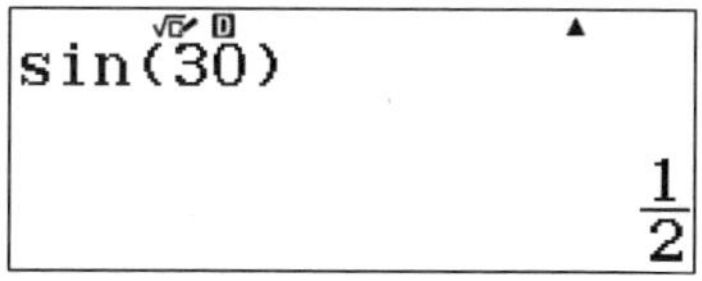
sin(30)
1/2

2 c)

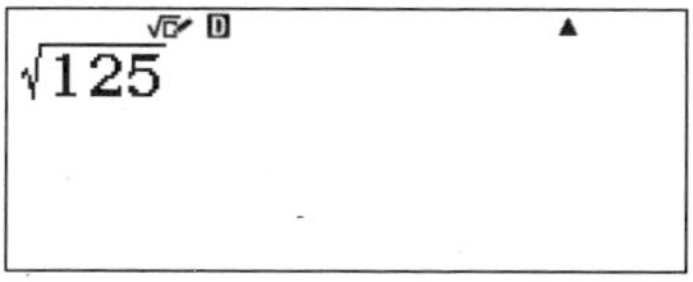
√125

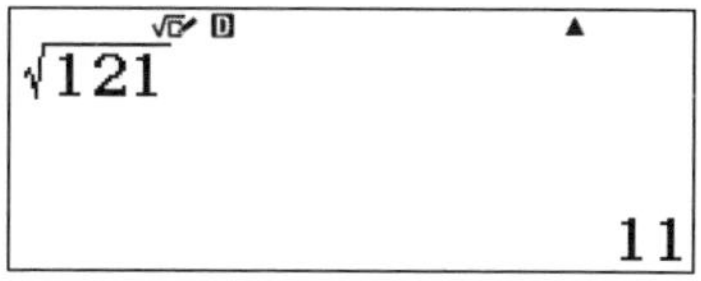
√121
11

3 a)

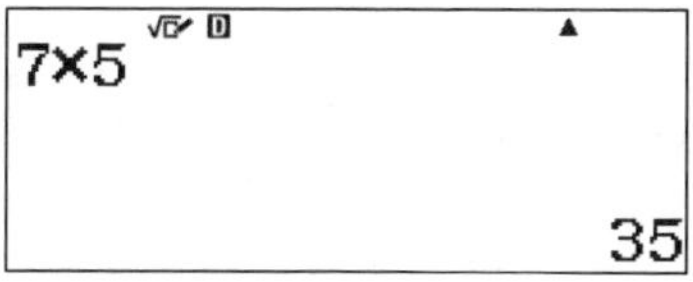
7×5
35

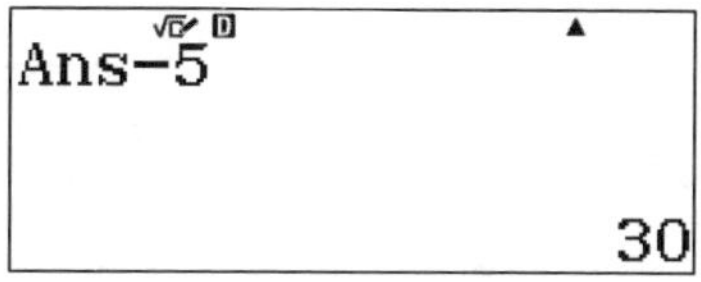
Ans−5
30

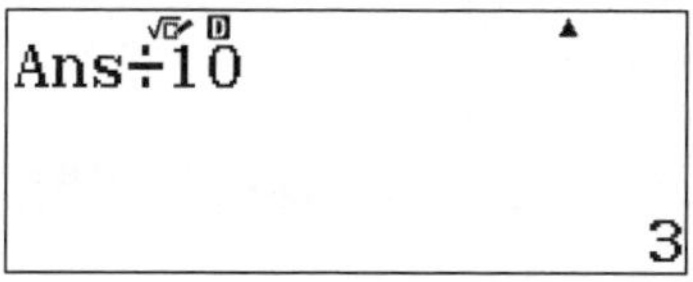
Ans÷10
3

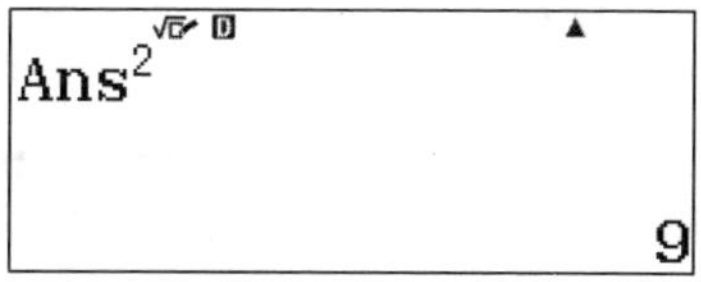
Ans²
9

3 b)

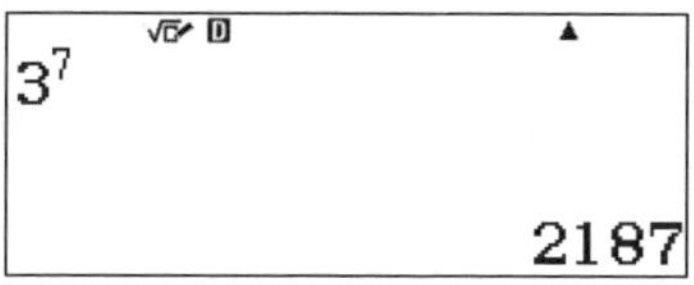
3⁷
2187

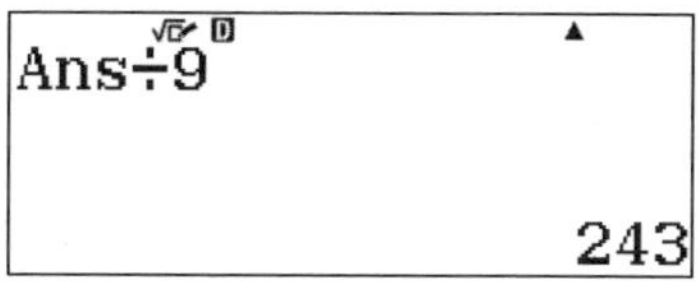
Ans÷9
243

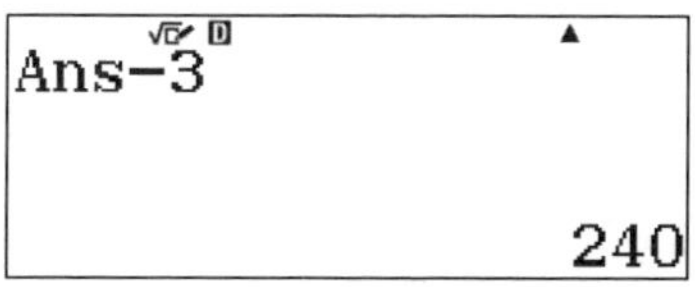
Ans−3
240

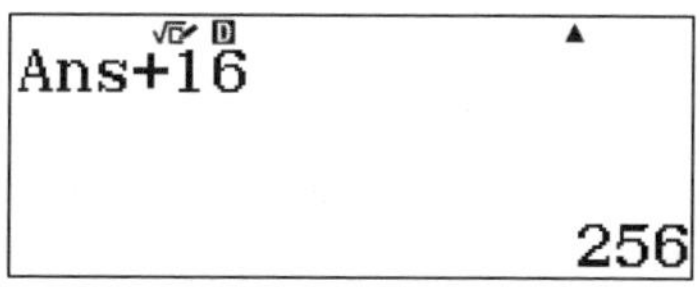
Ans+16
256

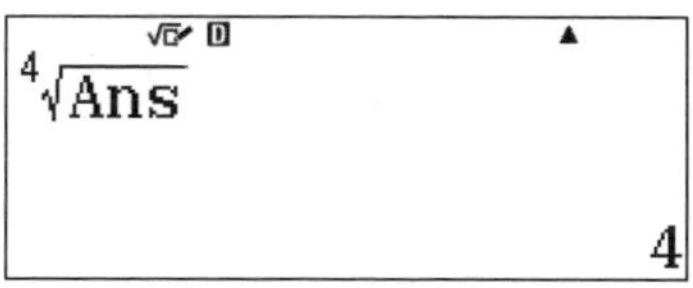
⁴√Ans
4

## 9.2 Lösungen zu Kapitel 2

### 9.2.1 Zahlendarstellung

1. Taste: [S⇔D] a) 0,15 b) 0,375 c) 0,04 d) 1,75

2. a) $\frac{3}{8}$ b) $\frac{2}{5}$ c) $\frac{4}{25}$ d) $\frac{7}{25}$

3. a)

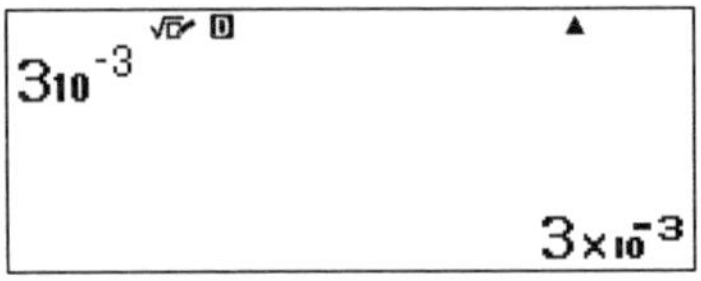


b)

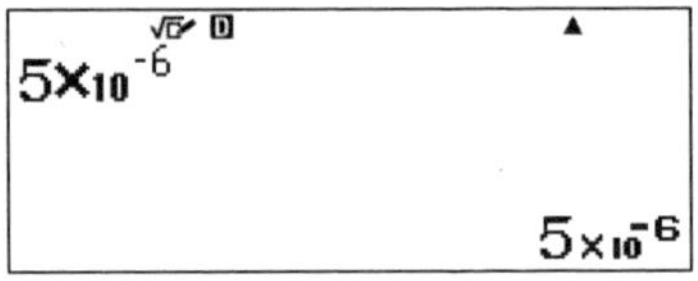


c)

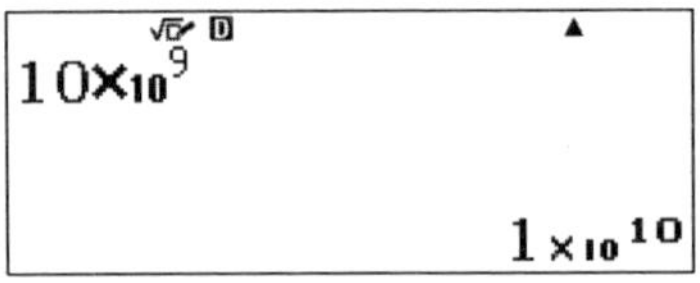


d)

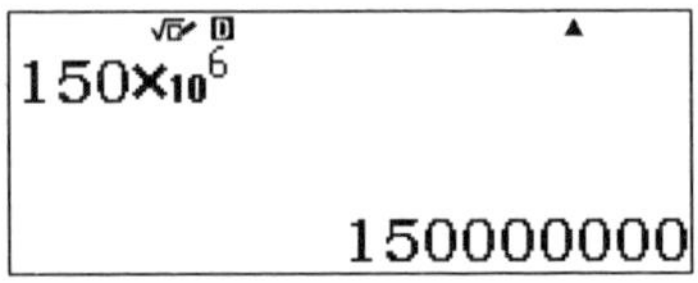


4. a)

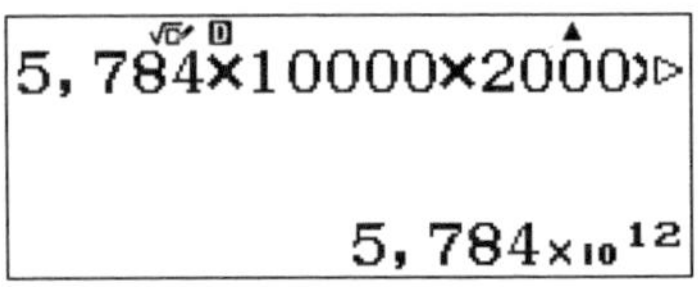


b)

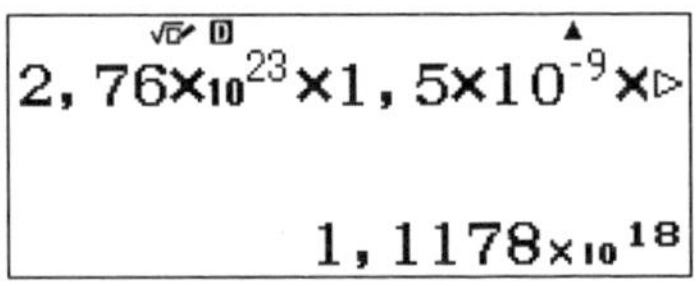


c)

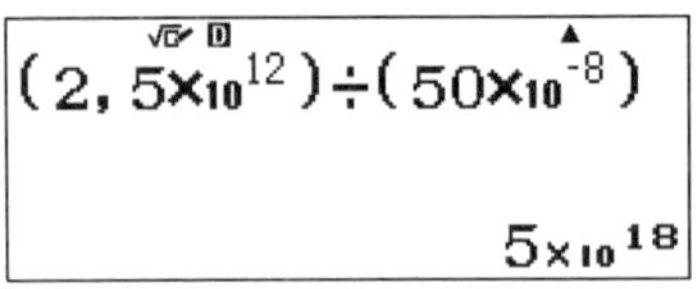

## 9.2.2 Primfaktorzerlegung, ggT und kgV

1.

a)
```
60
                    2²×3×5
```

b)
```
2499
                    3×7²×17
```

c)
```
72675
                    3²×5²×17×19
```

2.

a)
```
GCD(250;400)
                    50
```

b)
```
GCD(8100;8700)
                    300
```

c)
```
GCD(11025;11100)
                    75
```

3.

a)
```
LCM(14;18)
                    126
```

b)
```
LCM(30;50)
                    150
```

c)
```
LCM(215;225)
                    9675
```

## 9.2.3 Teilen mit Rest und Runden

1.

a)
```
217÷R5
                    43;R=2
```

b)
```
3277÷R20
                    163;R=17
```

c) 9921÷R17 → 583;R=10

2. a) $15 \div 0,\overline{3}$ → $45$

b) $12 \times 0,\overline{7}$ → $9\frac{1}{3}$

c) $2,\overline{3} \div 0,\overline{3}$ → $7$

### 9.2.4 Bruchrechnung

1. a) $\frac{1}{2}+\frac{3}{5}+\frac{5}{6}$ → $1\frac{14}{15}$

b) $\frac{3}{8}-\frac{3}{4}+\frac{5}{2}$ → $2\frac{1}{8}$

c) $\frac{1}{3}-\frac{2}{9}+\frac{1}{6}$ → $\frac{5}{18}$

2. a) $\frac{15}{4} \div \frac{5}{2}$ → $\frac{3}{2}$

b) $-\frac{18}{10} \div 0,6$ → $-3$

c) $-\frac{28}{10} \div \left(-\frac{14}{25}\right)$ → $5$

3. a) $\dfrac{\frac{3}{8}\times\left(\frac{1}{2}-\frac{3}{8}\right)^2}{\frac{1}{24}}$ → $\dfrac{9}{64}$

b) $2-\dfrac{\frac{7}{6}-\frac{2}{3}}{\frac{1}{4}}$ → $0$

## 9.2.5 Prozentrechnung

1. a) 150×7% → 10,5

b) 299×19% → 56,81

c) 85%×350 → 297,5

2. a) 30÷200 → 0,15

b) 60÷3000 → 0,02

c) 299÷5000 → 0,0598

3. a) 24,95−(24,95×30%) → 17,465

b) 89,90×70% → 62,93

c) 129×70% → 90,3

## 9.2.6 Dreisatz, Verhältnisse berechnen

1. $\frac{1}{2{,}99}=\frac{1{,}4}{X}$ → 1,4  X= 4,186

2. $\frac{12}{5{,}88}=\frac{8}{X}$ → 8  X= 3,92

3. $\frac{3}{2{,}37}=\frac{X}{7{,}11}$ → 7,11  X= 9

## 9.2.7 Wurzeln und Potenzen

1. a) $\sqrt{243}\times\sqrt{27}$ → 81

   b) $2\times\sqrt{12}\times\sqrt{75}$ → 60

   c) $\sqrt{120}\times\sqrt{3}$ → $6\sqrt{10}$

2. a) $\sqrt[3]{27}\times\sqrt[5]{32}$ → 6

   b) $\frac{\sqrt{256}}{\sqrt{32}}$ → $2\sqrt{2}$

   c) $\sqrt[3]{3^9}$ → 27

3. a) $3^4$ → 81

   b) $320^3$ → 32768000

c)
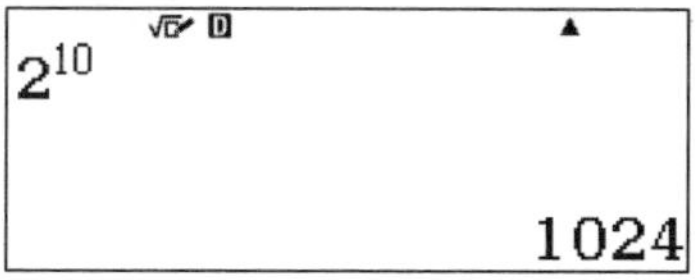


d)
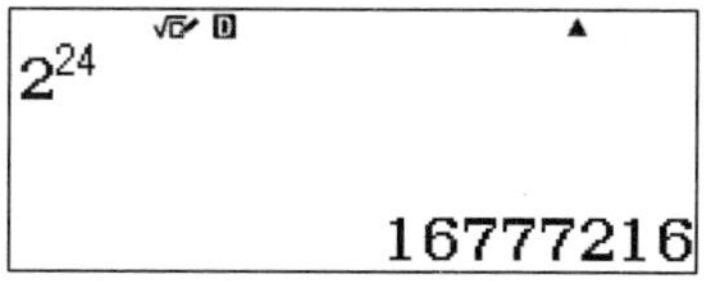


a)
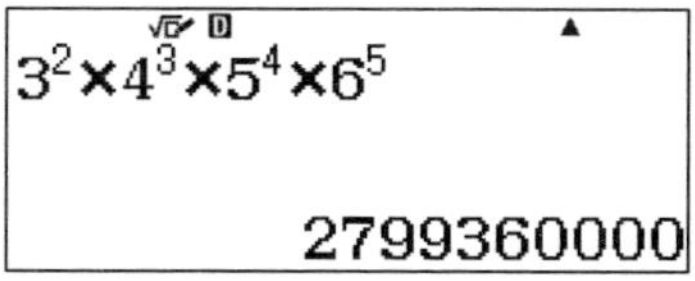


b)
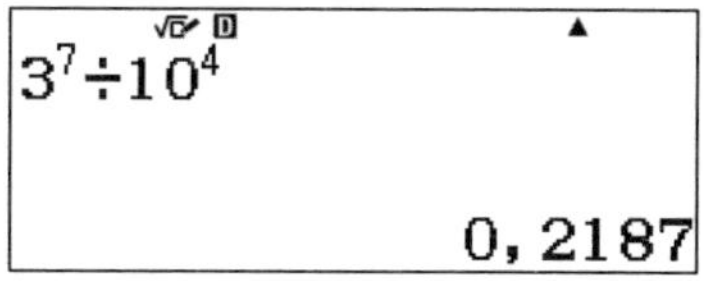


c)
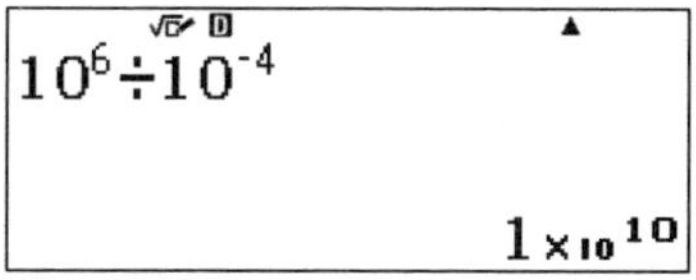


## 9.2.8 Zufallszahlen

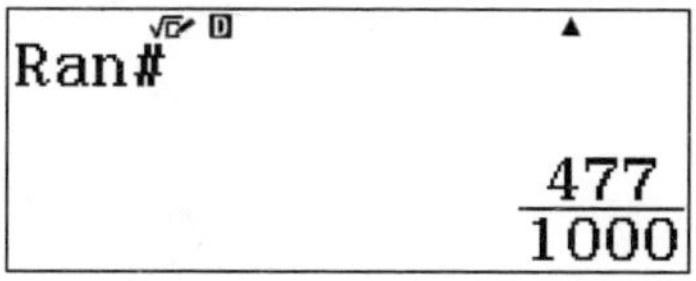


Eine einzelne Zufallszahl.

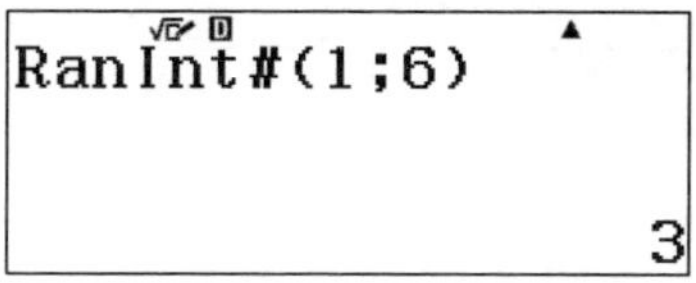


Eine Zufallszahl zwischen 1 und 6.

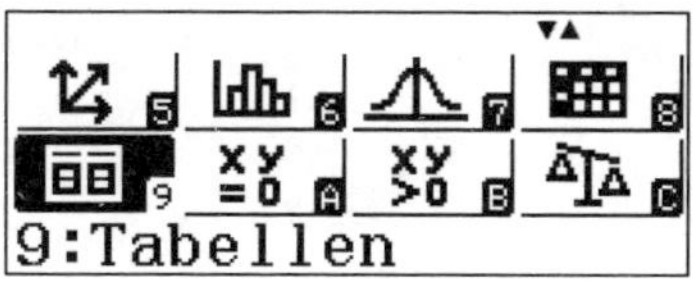


0 ist Kopf (K), 1 ist Zahl (Z). Die Zufallsfunktion wird als Tabelle dargestellt.

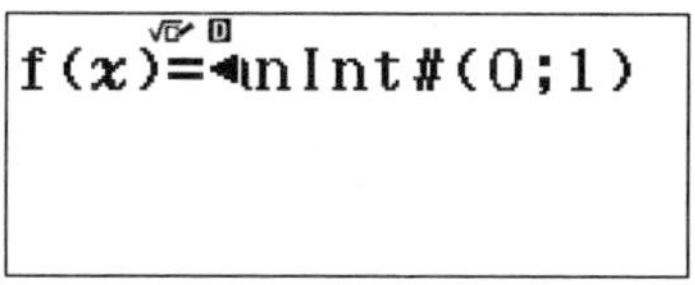


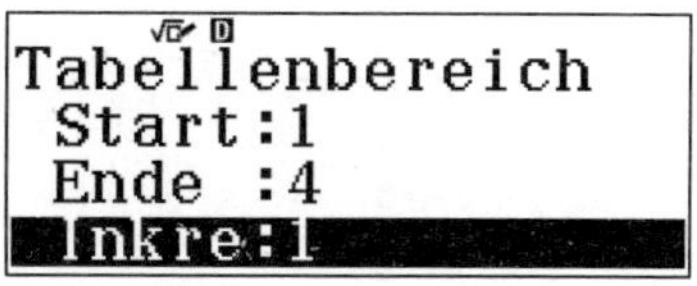


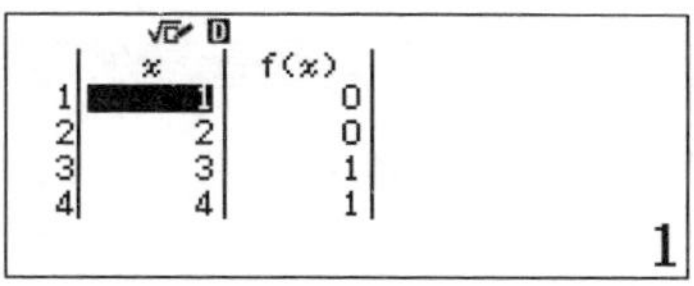


Im Beispiel wird K, K, Z, Z gewürfelt.

### 9.2.9 Einheiten umrechnen

1. a) 20 m/s = 72 km/h
   b) 35 m/s = 126 km/h
   c) 17 m/s = 61,2 km/h

2. Rechne um!

| | | | | |
|---|---|---|---|---|
| a) | 2 Inch | in | cm = | 5,08 cm |
| b) | 100 Yard | in | m = | 91,44 m |
| c) | 25 Seemeilen | in | m = | 46300 m |
| d) | 20 Knoten | in | km/h = | 10,288888 m/s = 37,039.. km/h |
| e) | 25000000 $m^2$ | in | ha = | 2500 ha |
| f) | 15000 Liter | in | $m^3$ = | 15 $m^3$ |
| g) | 300 $m^3$ | in | Liter = | 300000 l |

3. Rechne um!
   a) Wie viele Sekunden hat der Januar? 31 Tage = 2678400 s
   b) Wie viele Tage sind 1 Million Sekunden?
   1 000 000 s = 11,57 Tage, ungefähr 11 ½ Tage

## 9.3 Lösungen zu Kapitel 4

### 9.3.1 Terme

1. a)

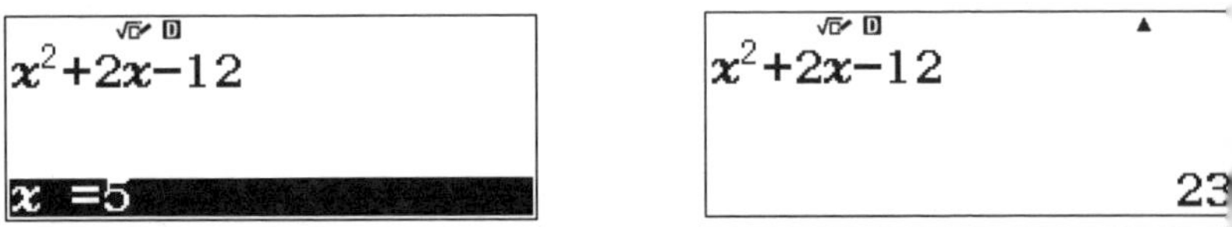


b)

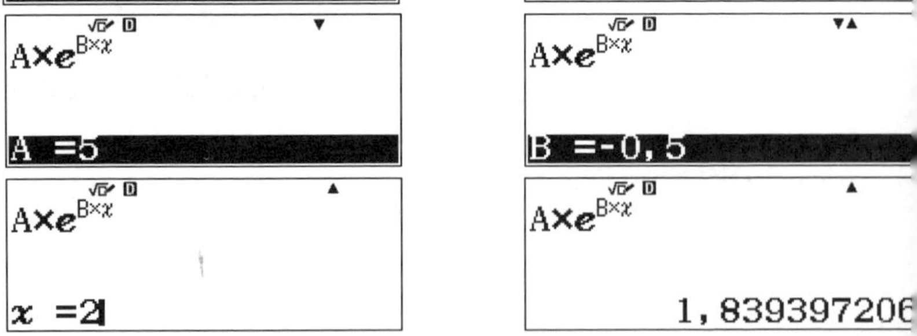

## 9.3.2 Gleichungen und Gleichungssysteme

1. a)

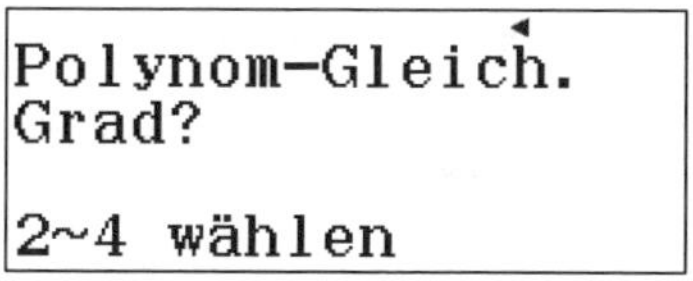


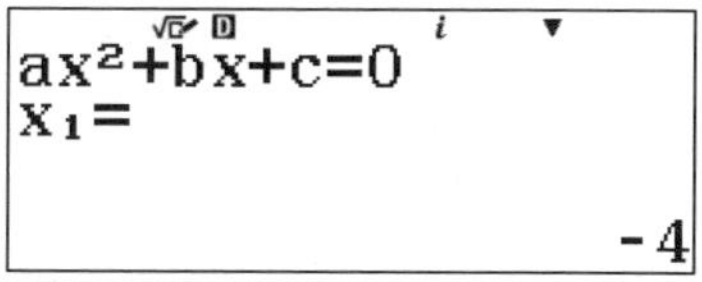


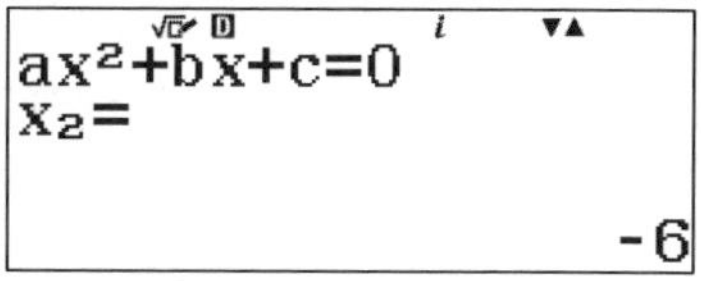


b)

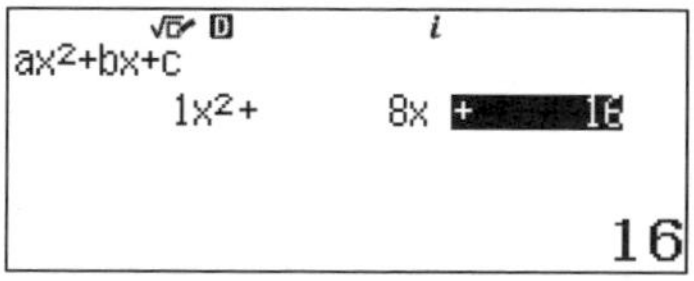


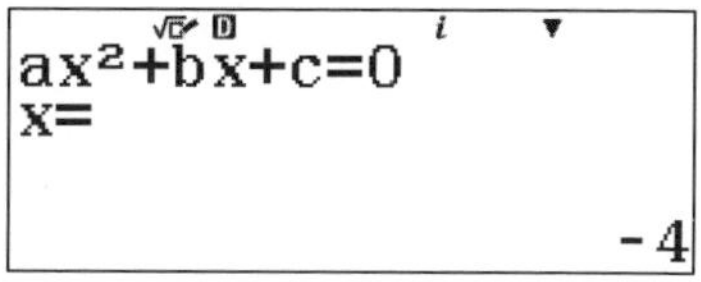


2. a)

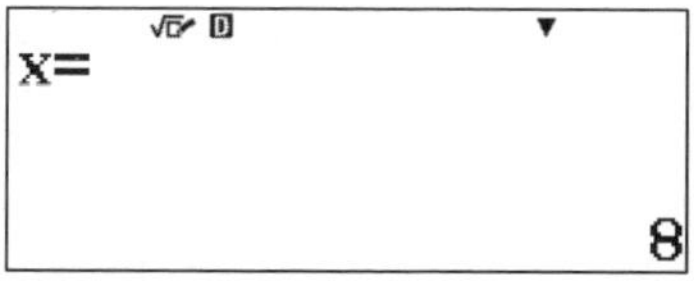


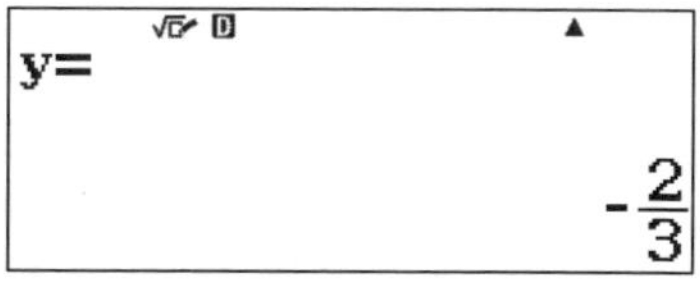


b)

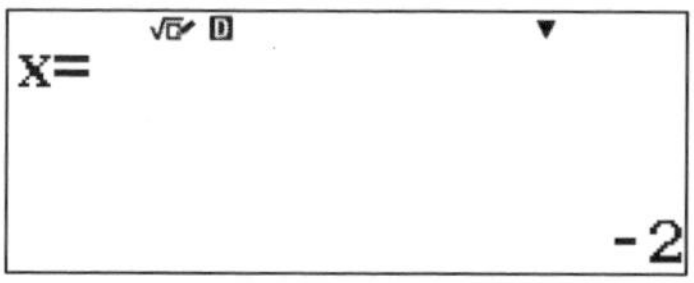


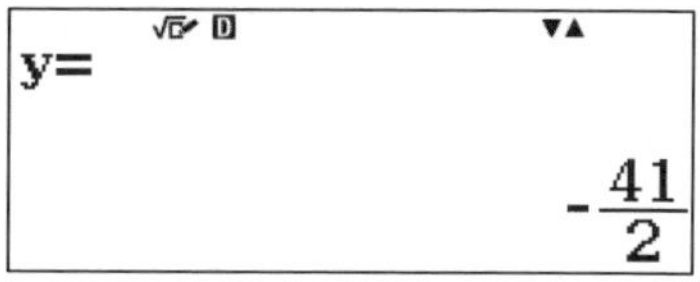


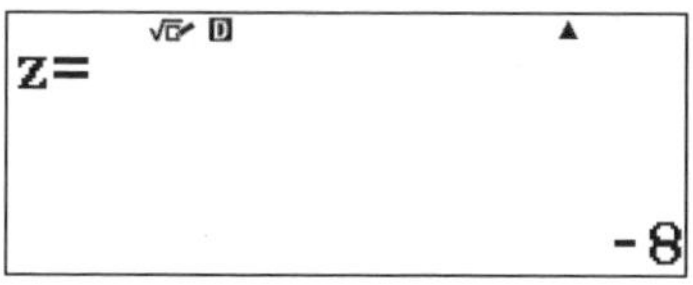


## .3.3 Ungleichungen

1. a)

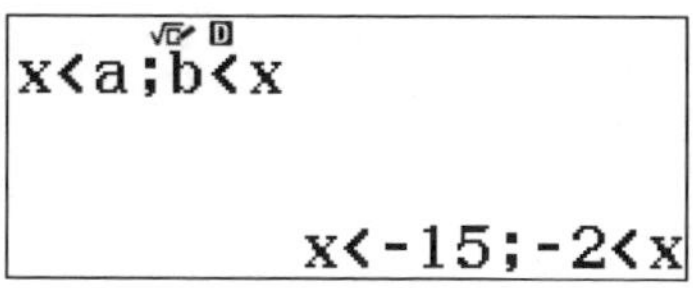


b)

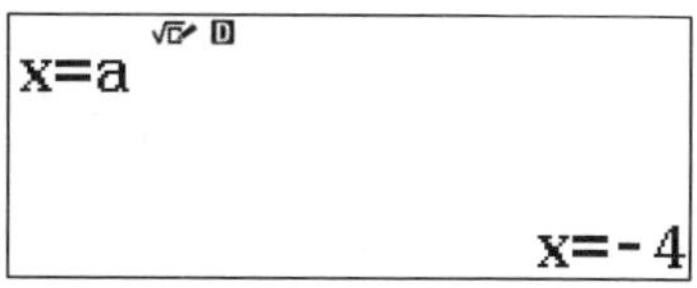

# 9.4 Lösungen zu Kapitel 5

## 9.4.1 Funktionswerte in einer Tabelle darstellen

1. $f(x)=5\times x^2$

| | x | f(x) |
|---|---|---|
| 1 | 0 | 0 |
| 2 | 1 | 5 |
| 3 | 2 | 20 |
| 4 | 3 | 45 |

0

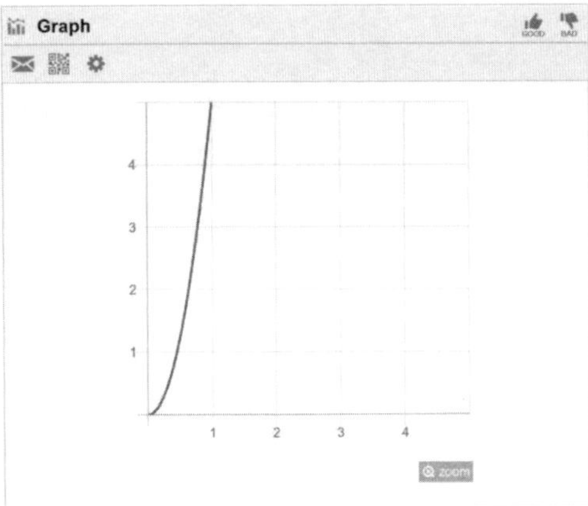

# A - Wichtige Befehle | Shortcuts

| Thema | Tasten / Befehle / Menü | |
|---|---|---|
| **Allgemeine Einstellungen / Berechnungen** | | |
| Bogenmaß, Gradmaß | [SHIFT] [MENU] [2] | 1:Eingabe/Ausgab<br>2:Winkeleinheit<br>3:Zahlenformat<br>4:Dezimalpräfixe |
| Dezimaldarstellung in Bruchdarstellung umwandeln. | [S⇔D] | [MENU] [1] |
| Einheiten umrechnen<br>*CONV* | [SHIFT] [8] | [MENU] [1] |
| Primfaktorzerlegung<br>*FACT* | [SHIFT] [° ’ ”] | [MENU] [1] |
| ggT = größter gemeinsamer Teiler<br>*GCD* | [ALPHA] [×] | [MENU] [1] |
| kgV = kleinstes gemeinsames Vielfaches<br>*LCM* | [ALPHA] [÷] | [MENU] [1] |
| Dreisatz / Verhältnisgleichungen | [MENU] [ALPHA] [sin] | D:Verhältnisse |
| Gleichungen 2. – 4. Grades | [MENU] [ALPHA] [(−)] [2] | [MENU] [1] |
| Gleichungssysteme | [MENU] [ALPHA] [(−)] [1] | 1:Gleichungssyst<br>2:Polynom-Gleich |

| Thema | Tasten / Befehle / Menü | |
|---|---|---|
| **Regression** | | |
| Lineare Regression | [MENU] [6] [2] | 1:1 Variable<br>2:y=a+bx<br>3:y=a+bx+cx²<br>4:y=a+b·ln(x) |
| | Nach Eingabe der Werte:<br>[OPTN] [4] | 1:Typ auswählen<br>2:Editor<br>3:2-Variab-Berech<br>4:Regression |
| Quadratische Regression | [MENU] [6] [3]<br>Nach Eingabe der Werte:<br>[OPTN] [4] | |
| Exponentielle Regression | [MENU] [6] [▼] [1]<br>Nach Eingabe der Werte:<br>[OPTN] [4] | 1:y=a·*e*^(bx)<br>2:y=a·b^x<br>3:y=a·x^b<br>4:y=a+b/x |

| | | |
|---|---|---|
| **QR-Code Generator** | | |
| Allgemeiner Aufruf (Internet-Verbindung zur Anzeige von Grafiken erforderlich!) | [SHIFT] [OPTN] | 1/1 |

| Thema | Tasten / Befehle / Menü | |
|---|---|---|
| **Vektorrechnung** | | |
| Vektoren definieren | [MENU] [5] | Vek. definieren<br>1:VctA 2:VctB<br>3:VctC 4:VctD |
| Vektorrechnung Berechnungsmodus | [MENU] [5] [AC] | Vekto |
| Länge/Betrag eines Vektors $Abs(VctA)$ | [SHIFT] [(] [OPTN]<br>Im Vektor-Berechnungsmodus über **OPTN** Vektor auswählen! | Abs(VctA) |
| Skalarprodukt | Im Vektor-Berechnungsmodus über **OPTN** den 1. Vektor (**Vct A**) auswählen.<br>[OPTN] [▼] [2]<br>Dann mit **OPTN** den 2. Vektor (**Vct B**) auswählen! | 1:VctAns<br>2:Skalarprodukt<br>3:Winkel<br>4:Einheitsvektor<br><br>VctA·VctB |
| Vektorprodukt | Im Vektor-Berechnungsmodus über **OPTN** die Vektoren (**Vct A**, **Vct B**) auswählen. Das Zeichen für das Vektorprodukt ist das Malzeichen.<br>[OPTN] [3] [×] [OPTN] [4] | 1:Vek. definieren<br>2:Vek. bearbeiten<br>3:VctA 4:VctB<br>5:VctC 6:VctD<br><br>VctA×VctB |
| Winkel zwischen Vektoren | [OPTN] [▼] [3]<br>Über **OPTN** die Vektoren (**Vct A**; **Vct B**) auswählen, Trennzeichen | 1:VctAns<br>2:Skalarprodukt<br>3:Winkel<br>4:Einheitsvektor<br><br>Angle(VctA;VctB) |

| Thema | Tasten / Befehle / Menü | |
|---|---|---|
| **Analysis** | | |
| Ableitung einer Funktion | [SHIFT] [$\int$] | [MENU] [1] |
| Integral einer Funktion | [$\int$] | [MENU] [1] |
| **Wahrscheinlichkeitsrechnung** | | |
| Fakultät $n!$ | [SHIFT] [$x^{-1}$] | [MENU] [1] |
| Kombinationen $nCr$ | [SHIFT] [÷] | [MENU] [1] |
| Permutationen $nPr$ | [SHIFT] [×] | [MENU] [1] |
| Wahrscheinlichkeit einer Binomialverteilung | [MENU] [7] [4] | 1:Normal-Dichte<br>2:Kumul. Normal-V<br>3:Inv. Normal-V.<br>4:Binomial-Dichte |
| Kumulierte Wahrsch. einer Binomialverteilung | [MENU] [7] [▼] [1] | 1:Kumul. Binom.-V<br>2:Poisson-Dichte<br>3:Kumul.Poisson-V |
| Wahrscheinlichkeit einer Normalverteilung | [MENU] [7] [1] | 1:Normal-Dichte<br>2:Kumul. Normal-V<br>3:Inv. Normal-V.<br>4:Binomial-Dichte |
| Kumulierte Wahrsch. einer Normalverteilung | [MENU] [7] [2] | 1:Normal-Dichte<br>2:Kumul. Normal-V<br>3:Inv. Normal-V.<br>4:Binomial-Dichte |

# Anhang B - Übungsaufgaben

## B.1 Bruchrechnen

1. Aufgabe: Berechne

a) $\frac{15}{24}:\frac{5}{12}$ b) $-\frac{22}{7}:\left(-\frac{33}{14}\right)$ c) $\frac{128\,kg}{32}$ d) $\frac{357\,€}{51\,€}$

2. Aufgabe: Berechne

a) $0{,}36 : 0{,}9$ b) $2{,}56 : 16$ c) $0{,}324 : 0{,}009$

3. Aufgabe: Wie oft sind enthalten

a) $\frac{3}{8}\,kg$ in $4\frac{1}{8}\,kg$ b) $1\frac{1}{5}\,h$ in $6\,h$ c) $2{,}5\,km$ in $11{,}25\,km$

4. Aufgabe: Berechne

a) $\frac{1}{8}+\frac{0{,}7-(0{,}4)^2}{0{,}18}$ b) $\frac{4\cdot 0{,}3+0{,}4\cdot 3}{0{,}24}$ c) $\frac{\frac{3}{5}\cdot\frac{3}{2}+0{,}1}{0{,}01}$

5. Aufgabe: Textaufgabe

An deiner Schule besuchen 54 Schüler eine Musikklasse. Das sind $\frac{3}{50}$ aller Schüler der Schule. Wie viele Schüler hat deine Schule in diesem Fall insgesamt?

6. Aufgabe: Textaufgabe

Für deine Stadt findest du folgende Niederschlagstabelle.

**Monatswerte Niederschlag in l/m²:**

| **Monat/Jahr** | **2003** | **2005** |
|---|---|---|
| Januar | 71,8 | 42,7 |
| Februar | 13,3 | 43,1 |
| März | 16,5 | 23,4 |
| April | 20,8 | 45,9 |
| Mai | 81,8 | 46,2 |
| Juni | 22,2 | 55,0 |
| Juli | 44,3 | 67,8 |
| August | 32,7 | 48,7 |
| September | 35,1 | 57,1 |
| Oktober | 45,0 | 28,6 |
| November | 28,1 | 37,5 |
| Dezember | 30,8 | 34,5 |

a) Berechne für jedes Jahr den Monatsdurchschnitt (Mittelwert der monatl. Niederschlagsmenge), runde auf eine Stelle hinter dem Komma!

b) In welchem Jahr regnete es am meisten?

c) In welchem Monat, in welchem Jahr gab es den größten Niederschlag?

## B.2 Prozentrechnung

Die MwSt. beträgt in diesen Aufgaben immer 7 %.

| | | | | | | |
|---|---|---|---|---|---|---|
| 1. | Brutto: | 7,95 € | Netto: | | MwSt. Betrag: | |
| 2. | Brutto: | 10,95 € | Netto: | | MwSt. Betrag: | |
| 3. | Brutto: | 12,00 € | Netto: | | MwSt. Betrag: | |
| 4. | Brutto: | 30,00 € | Netto: | | MwSt. Betrag: | |
| 5. | Brutto: | 24,90 € | Netto: | | MwSt. Betrag: | |
| 6. | Brutto: | 1,28 € | Netto: | | MwSt. Betrag: | |
| 7. | Brutto: | 99,00 € | Netto: | | MwSt. Betrag: | |
| 8. | Brutto: | | Netto: | 2,33 € | MwSt. Betrag: | |
| 9. | Brutto: | | Netto: | 24,11 € | MwSt. Betrag: | |
| 10. | Brutto: | | Netto: | 0,93 € | MwSt. Betrag: | |
| 11. | Brutto: | | Netto: | 0,93 € | MwSt. Betrag: | |
| 12. | Brutto: | | Netto: | 0,46 € | MwSt. Betrag: | |
| 13. | Brutto: | | Netto: | 1,30 € | MwSt. Betrag: | |
| 14. | Brutto: | | Netto: | 45,79 € | MwSt. Betrag: | |
| 15. | Brutto: | | Netto: | 1,21 € | MwSt. Betrag: | |
| 16. | Brutto: | | Netto: | | MwSt. Betrag: | 0,84 € |
| 17. | Brutto: | | Netto: | | MwSt. Betrag: | 1,31 € |
| 18. | Brutto: | | Netto: | | MwSt. Betrag: | 1,14 € |
| 19. | Brutto: | | Netto: | | MwSt. Betrag: | 1,31 € |
| 20. | Brutto: | | Netto: | | MwSt. Betrag: | 45,79 € |

## B.3 Zinsrechnung

**<u>Nachricht 1:</u> Börse aktuell**

Frankfurt/Main - Die PeKomm Aktie hatte zu Jahresbeginn 2000 einen Börsenkurs von 78,50 €. Die Wertentwicklung sah wie folgt aus:

Im 1. Jahr, Jan-Dez: +15 %
Im 2. Jahr, Jan-Dez: -7 %
Im 3. Jahr, Jan-Dez: +12 %
Im 4. Jahr, Jan-Dez: +18 %

Bei welchem Kurs steht die Aktie am Ende des 4. Jahres?

**<u>Nachricht 2:</u>**
**Januar bis September 2006: 8,3 % mehr Güter auf deutschen Schienen**

WIESBADEN – Auf deutschen Schienenwegen wurden nach Mitteilung des Statistischen Bundesamtes von Januar bis September 2006 253,2 Millionen Tonnen an Gütern transportiert. Das war gegenüber dem entsprechenden Vorjahreszeitraum ein Plus von 8,3 %. Wie viele Millionen Tonnen wurden im Vergleichszeitraum 2005 transportiert?

**<u>Nachricht 3:</u> Ein Haus 2006 oder 2007 kaufen?**

Ein Immobilienmakler erhält bei der Vermittlung eines Hauses eine Provision von 3 %. Auf diesen Betrag muss zusätzlich noch die Mehrwertsteuer (bis 31.12.2006: 16 %, ab 01.01.2007: 19 %) gezahlt werden.
Familie Schlaufuchs interessiert sich für ein Haus, das im Jahr 2006 249.000,- € kosten soll. Im Januar 2007 könnte man das gleiche Haus für 246.000,- € kaufen, wenn da nicht die Mehrwertsteuererhöhung wäre und dadurch die Maklerprovision steigen würde. Stelle die Kosten dar. Wann ist ein Kauf günstiger, heute oder im Januar 2007?

**<u>Nachricht 4:</u> Sparen für den Führerschein**

Die durchschnittliche Verzinsung für ein Sparguthaben beträgt 2 %.
Die Zinsen werden am Ende jeden Jahres dem Konto gutgeschrieben und vergrößern das Guthaben. Bei deiner Geburt wurde ein Sparbuch angelegt. Nach genau 13 Jahren beträgt das Guthaben 4527,62 €.

a) Wie hoch war der Betrag, der vor 13 Jahren angelegt wurde?
b) Wie viel Geld wird auf dem Sparbuch zu deinem 18. Geburtstag sein?

## B.4 Anwendungsaufgabe – Fliesen verlegen

In der Küche von Familie Müller sollen Bodenfliesen verlegt werden.
Die Grundfläche hat folgende Form und Maße:

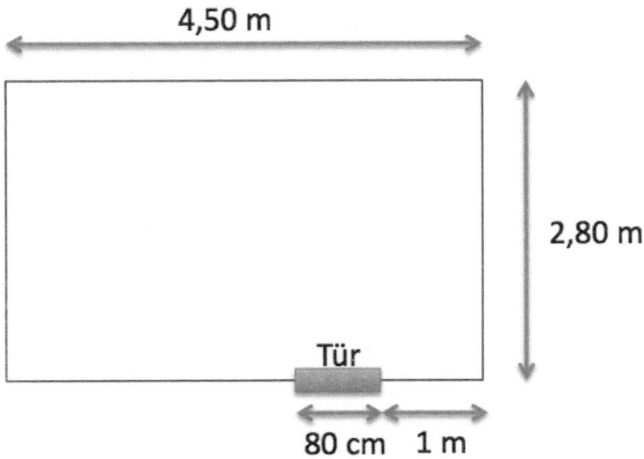


**<u>Preise:</u>**
**Material Arbeitskosten**

1 m² Fliesen: 35,00 € 1 m² Fliesen verlegen: 29,00 €
1 m² Fliesen-Fugenmasse: 5,80 € 1 m² Fugen ausfüllen: 15,00 €
1 m² Fliesenkleber: 8,90 €

Alle Preise verstehen sich netto ohne MwSt.

Es sollen rechteckige Fliesen der Größe 25 cm x 40 cm verwendet werden.

**Aufgaben**

a) Wie viele Quadratmeter Fliesen müssen verlegt werden?

b) Wie viele Fliesen sind das insgesamt?

c) Fertige eine Skizze an, wie die Fliesen am besten gelegt werden, um die geringste Anzahl an Fliesen zu benötigen.

d) Wie hoch wird die Rechnung einschließlich der MwSt. von 19 %?

## B.5 Anwendungsaufgabe - Renovierung des Wohnzimmers

Das Wohnzimmer soll renoviert werden. Das Zimmer ist L-förmig und die Maße können der Skizze entnommen werden. Die Höhe des Zimmers beträgt 2,30 m. Die Eingangstür ist einschließlich Türrahmen 110 cm breit und 210 cm hoch. Die Fenster sind alle gleich groß. Sie sind 1,50 m breit und 90 cm hoch. Alle Wände und die Decke sollen neu angestrichen werden. **Hinweis:** Das Zimmer hat eine Fußbodenheizung, sodass keine Heizkörper an den Wänden hängen!

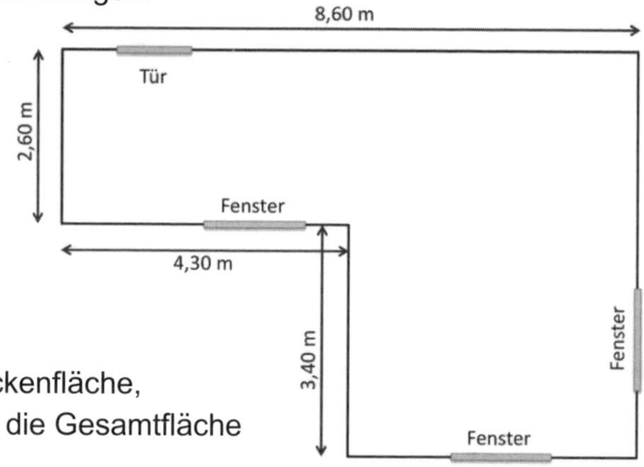


### Aufgaben

a) Wie groß ist die Deckenfläche, die Wandfläche und die Gesamtfläche in m²?

b) Welches Angebot der beiden Malerfirmen ist günstiger?

**Firma KLECKSEL macht folgendes Angebot:**

1 m² Farbe: 2,10 €
1 m² Wand anstreichen: 4,80 €
1 m² Bodenfläche abkleben: 1,20 €

**Firma FARBENFROH mach folgendes Angebot:**

1 h Stundenlohn für die Arbeit des Malergesellen: 21,50 €
1 h Stundenlohn für die Arbeit des Malermeisters: 35,70 €
Materialkosten Farbe: 400,00 €
Materialkosten Kleinteile: 120,00 €
Für den berechneten Raum wird folgende Zeit benötigt:
25 h Arbeit für den Malergesellen, 12 h Arbeit für den Malermeister.

Alle Preise zuzüglich der Mehrwertsteuer von 19 %.
Bei Barzahlung erhält man noch 3 % Rabatt auf den Rechnungsbetrag.

## B.6 Anwendungsaufgabe - Hausbau
## Das Dach, umbauter Raum und Baukosten

Ein freistehendes Haus hat eine Dachneigung von 30° und folgende Maße:

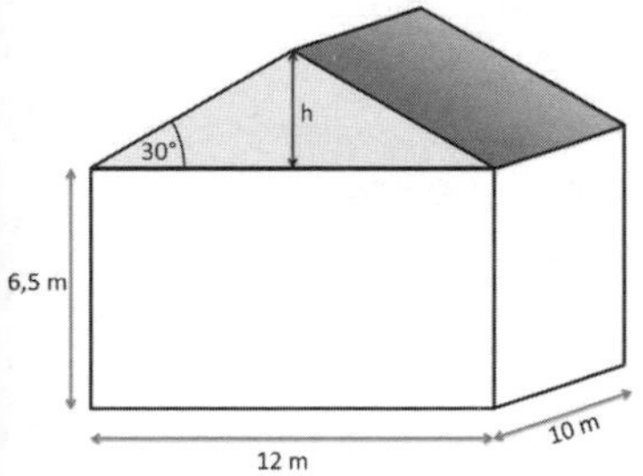

Lage der Dachziegel

Bild eines Firstziegels

### Aufgaben

a) Wie groß ist die Dachfläche in m² und die Dachhöhe h in cm?

b) Ein rechteckiger Ziegelstein hat die Abmessungen 41 cm x 27 cm, wiegt 3 kg und kostet 1,20 € zuzüglich der Mehrwertsteuer von 19 %. Die Ziegelsteine überdecken sich bei der Eindeckung des Dachs um etwa 8 % ihrer Fläche. Für den Dachabschluss am First benötigt man 2,5 Firstziegel pro Meter. Ein Firstziegel kostet 12,- € und wiegt 1,2 kg.

1. Wie viele Ziegelsteine und wie viele Firstziegel werden zum Eindecken des Dachs benötigt?
2. Wie groß ist die Masse aller Ziegelsteine zusammengenommen?
3. Was kosten alle Ziegelsteine zusammen (Dachziegel + Firstziegel)?

c) Für eine Kostenschätzung der gesamten Baukosten (Rohbau + alle Installationen, Heizung, Bad, Fenster usw.) berechnet der Architekt das umbaute Volumen des Hauses: Stockwerke als Quader und das Dach als Prisma!
Anschließend werden je 1 m³ Volumen umbauter Raum Kosten in Höhe von 1500,- € angenommen. Auf diese Weise kann man die Baukosten abschätzen und grob im Voraus berechnen.

1. Wie groß ist das umbaute Volumen?
2. Wie hoch sind die zu erwartenden Baukosten?

## B.7 Prozentrechnung / Verhältnisse / Dreisatz gemischt

1. Im Zoo ist in den Sommerferien Hochsaison. Von allen Besuchern hatten heute 27 % eine Jahreskarte. Das waren insgesamt 278 Personen. Wie viele Personen waren heute im Zoo?

2. In die Fußball-Arena passen 68 000 Zuschauer. 72 % aller Plätze sind durch Dauerkarten bereits reserviert. Heute befinden sich 67 400 Zuschauer im Stadion. Dabei sind 95 % aller Dauerkarten-Besitzer im Stadion.
   a) Wie viele Karten wurden an der Kasse noch verkauft?
   b) Von allen einzeln verkauften Karten wurden 23 % an die Fans der Auswärtsmannschaft vergeben. Wie viele Fans der Auswärtsmannschaft sind im Stadion?

3. Nach einem langen Streit um die Lohnerhöhungen wurde vereinbart, alle Löhne um 2,8 % zu erhöhen, jedoch mindestens um 50 €.
   a) Berechne die Lohnerhöhungen für folgende Gehälter: 1200 €, 2500 €, 4200 €.
   b) Ab welchem Gehalt bekommt jemand mehr als den Mindestbetrag von 50 € Lohnerhöhung?

4. Eine kleine Molkerei verarbeitet in dieser Woche 150 000 Liter Milch zu Butter. Aus 20 Litern Mich werden 4 Päckchen Butter zu je 250 g hergestellt. Je Liter Milch bezahlt die Molkerei den Bauern 18 Cent. 1 Liter Milch wiegt 1,02 kg.
   a) Wie viele kg Butter werden in dieser Woche produziert?
   b) Wie viel Gramm Butter kann man aus 1 Liter Milch herstellen?
   c) Was kostet die Produktion von einem Päckchen Butter, wenn man nur die Kosten für den Rohstoff Milch betrachtet?

5. Um 1 kg Käse herzustellen benötigt man zwischen 15 und 20 Liter Milch, je nach Käsesorte und Fettgehalt der unbehandelten Milch. Wir rechnen mit 17 Litern Milch für 1 kg Käse. Eine Käserei möchte am Tag 25 kg Käse herstellen und diesen für 1,95 € je 100 g verkaufen. Die Milch wird direkt vom Biobauern aus dem Dorf für 25 Cent je Liter eingekauft.
   a) Wie viele Liter Milch muss die Käserei einkaufen, um den Käse produzieren zu können?
   b) Was kostet die Milch für eine Tagesproduktion?
   c) 5 % der Produktion wird im Laufe des Tages zum Probieren kostenlos auf der Theke angeboten. Wie viel Euro hat die Käserei an diesem Tag eingenommen, wenn am Ende des Tages 90 % der Produktion verkauft wurden?

## B.8 Quadratische Gleichungen / Parabeln

**1.** Bestimme die Lösungsmengen der folgenden quadratischen Gleichungen! Forme ggf. so um, dass die Gleichung mit dem Taschenrechner gelöst werden kann!

a) $4x^2 - 13 = 87$

b) $(x - 11)^2 + 14 = 10$

c) $(2x + 13)^2 - 83 = 61$

d) $x^2 - 15x + 60 = 6$

e) $(x - 5)(2x - 17) - 84 = (x - 7)(3x + 1)$

f) $x - \frac{1}{x} = 4{,}8$

**2.** Bringe die Funktionen auf Scheitelpunktform und bestimme den Scheitelpunkt!

a) $f(x) = x^2 - 8x + 10$

b) $f(x) = -0{,}5x^2 + 4x - 5$

c) $f(x) = -2 \cdot (x - 1) \cdot (x + 3)$

**3.** Wie viele Nullstellen hat die Funktion?

a) $f(x) = (x - 3)^2 - 2$

b) $f(x) = -0{,}25 \cdot (x + 3)^2 - 2$

c) $f(x) = x^2 - x + 2$

## B.9 Kreis und Trigonometrie

**1.** Ein Fahrrad hat einen Reifendurchmesser von 26 Zoll. 1 Zoll ist definiert als 25,4 mm. Mit dem Fahrrad werden an einem schönen sonnigen Sommertag 15 km zurückgelegt. Wie oft hat sich das Vorderrad an diesem Tag gedreht?

**2.** Rechne die folgenden Winkel im Gradmaß in das Bogenmaß um.

a) 25° b) 90° c) 135° d) 335°

**3.** Rechne die folgenden Bogenmaß-Winkel ins Gradmaß um.

a) $\frac{5\pi}{4}$ b) $\frac{7\pi}{8}$ c) 1 d) 2,8

**4.** Bestimme den grau schraffierten Flächeninhalt der folgenden Figuren!

a)

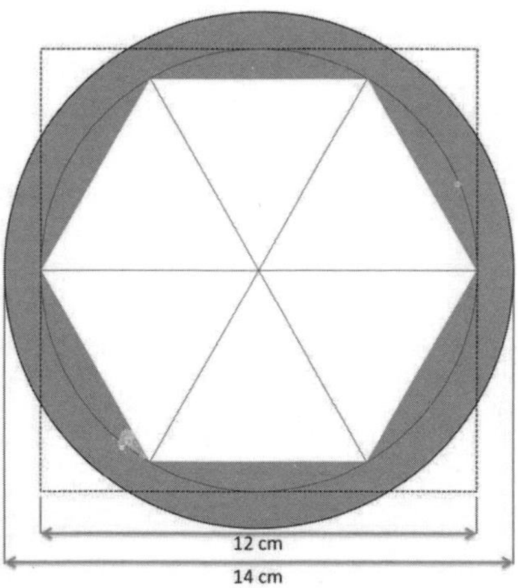


b)

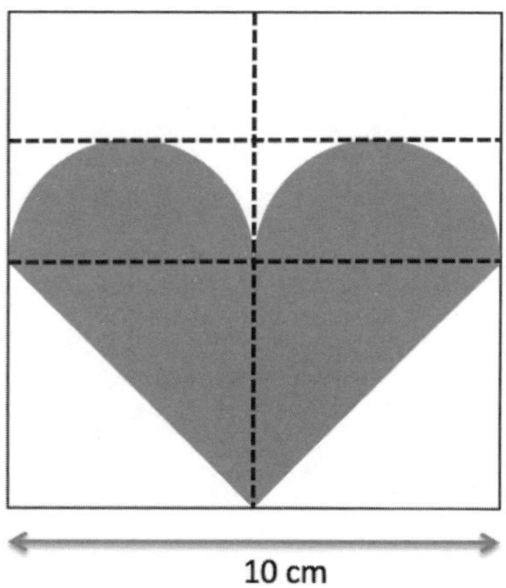

**5.** Bestimme die fehlenden Seiten/Winkel der folgenden rechtwinkligen Dreiecke!

a) $\alpha = 90°, \beta = 24°, c = 4\ cm$

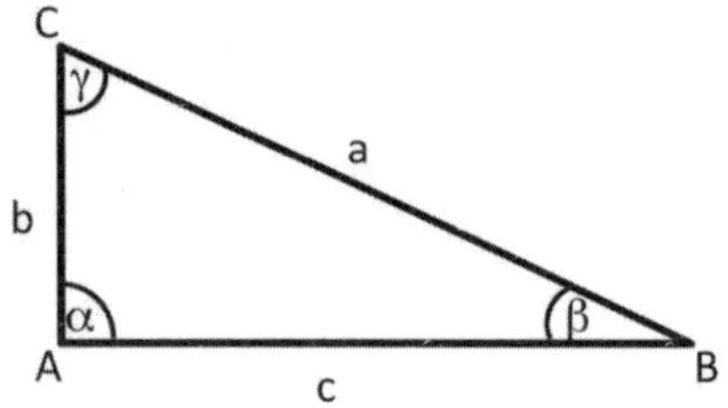


b) $a = 2{,}3\ cm, c = 3{,}3\ cm, \beta = 90°$

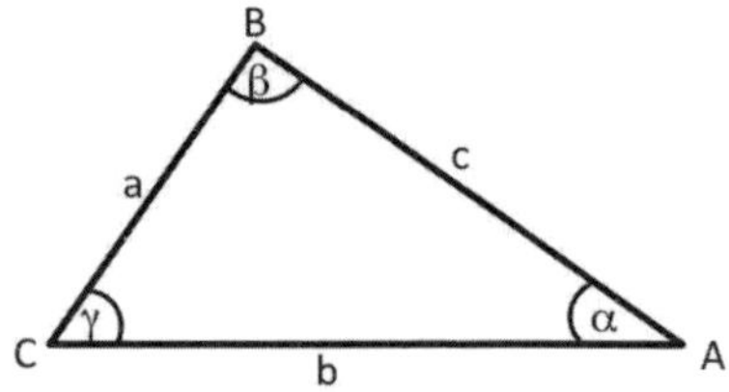


**6.** Bestimme den Flächeninhalt des abgebildeten Kreissektors. Bestimme zunächst den Winkel $\alpha$ !

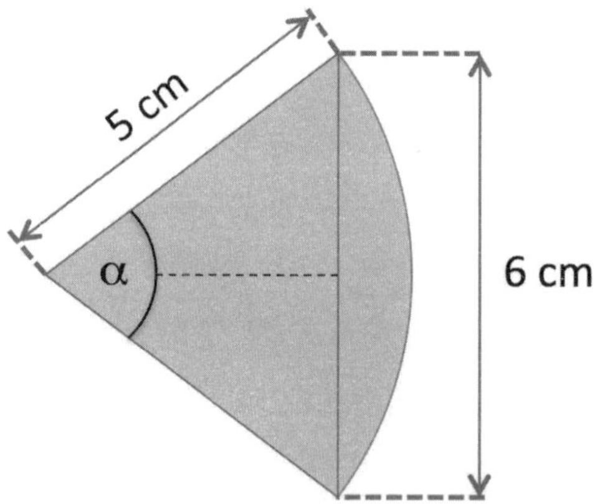

## ?.10 Stereometrie und Körperberechnungen

1. Eine Orange hat einen Durchmesser von d = 8 cm.
   Berechne Volumen und Oberfläche.

2. Berechne das Volumen und die Oberfläche des abgebildeten Rotationskörpers (schaffierte Fläche). Stelle hierzu zunächst jeweils einen Rechenausdruck auf! Benenne jeweils die einzelnen Körper, die du zur Berechnung verwendest!

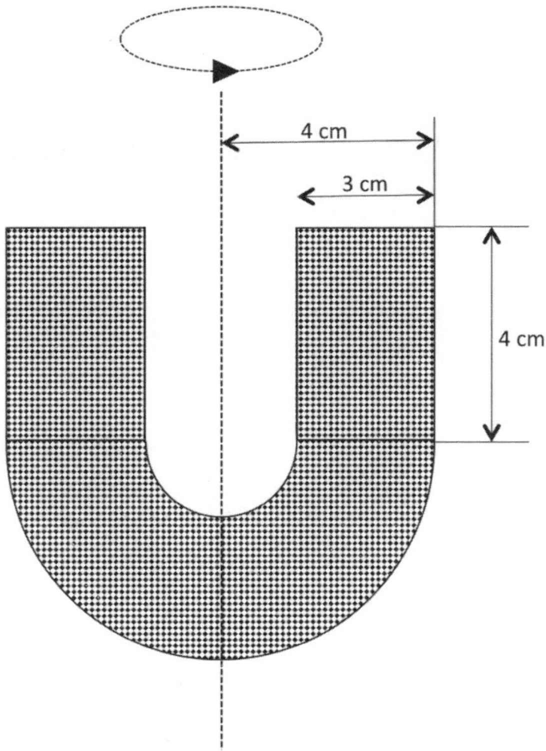


3. Die Mittlere Pyramide der Pyramiden von Gizeh (die Chephren-Pyramide) war ursprünglich 143,5 m hoch und hatte eine quadratische Grundfläche mit der Seitenlänge $a = 215{,}25\,m$. Berechne das Volumen und die sichtbare Oberfläche.

**4.** Alle Kanten eines Prismas mit gleichmäßiger 6-eckiger Grundfläche haben alle die Länge l = 5 cm. Berechne die Oberfläche dieses Prismas und sein Volumen. Fertige hierzu eine Zeichnung der Grundfläche an.

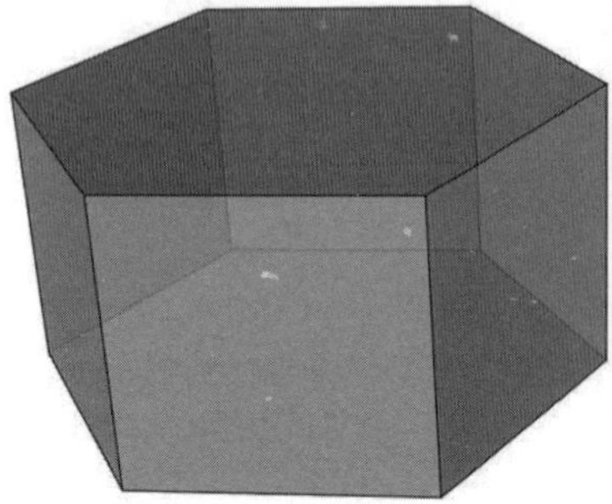

**5.** Eine zylindrische Getränkedose aus Aluminium hat ein Verhältnis von Höhe zu Durchmesser von 1,76. D.h. beträgt der Durchmesser 8 cm, so ist die Höhe 14,08 cm. Eine solche Dose soll ein Volumen von 250 ml (=250 $cm^3$) haben.

a) Stelle einen Rechenausdruck für das Volumen auf, der nur den Durchmesser d enthält.
b) Welche Höhe und welchen Durchmesser muss die Dose haben?

**6.** Ein Holzspielzeug besteht aus einer Halbkugel und einem Kegel aus Eichenholz (siehe Bild).

Berechne das Volumen und die Oberfläche.

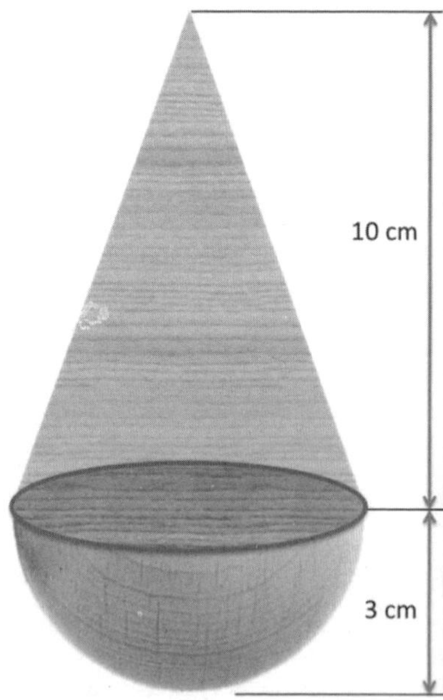

# ösungen zu den Aufgaben B.1 bis B.10

## .1 – Bruchrechnung

a) 3/2 b) 4/3 c) 4 kg d) 7

a) 0,4 b) 0,16 c) 36

a) 11 b) 5 c) 4,5

a) 25/8 b) 10 c) 100

Die Schule hat 900 Schüler.

a) Summe 2003 442,4 : 12 = 36,9
2005 530,5 : 12 = 44,2

b) In 2005 gab es mehr Regen.

c) In 2003 im Mai: 88,1 $l/m^2$
In 2005 im Juli: 67,8 $l/m^2$

## B.2 – Prozentrechnung

1. Brutto: 7,95 € Netto: 7,43 € MwSt. Betrag: 0,52 €
2. Brutto: 10,95 € Netto: 10,23 € MwSt. Betrag: 0,72 €
3. Brutto: 12,00 € Netto: 11,21 € MwSt. Betrag: 0,79 €
4. Brutto: 30,00 € Netto: 28,04 € MwSt. Betrag: 1,96 €
5. Brutto: 24,90 € Netto: 23,27 € MwSt. Betrag: 1,63 €
6. Brutto: 1,28 € Netto: 1,20 € MwSt. Betrag: 0,08 €
7. Brutto: 99,00 € Netto: 92,52 € MwSt. Betrag: 6,48 €
8. Brutto: 2,49 € Netto: 2,33 € MwSt. Betrag: 0,16 €
9. Brutto: 25,80 € Netto: 24,11 € MwSt. Betrag: 1,69 €
10. Brutto: 1,00 € Netto: 0,93 € MwSt. Betrag: 0,07 €
11. Brutto: 0,99 € Netto: 0,93 € MwSt. Betrag: 0,06 €
12. Brutto: 0,49 € Netto: 0,46 € MwSt. Betrag: 0,03 €
13. Brutto: 1,39 € Netto: 1,30 € MwSt. Betrag: 0,09 €
14. Brutto: 49,00 € Netto: 45,79 € MwSt. Betrag: 3,21 €
15. Brutto: 1,29 € Netto: 1,21 € MwSt. Betrag: 0,08 €
16. Brutto: 12,80 € Netto: 11,96 € MwSt. Betrag: 0,84 €
17. Brutto: 19,95 € Netto: 18,64 € MwSt. Betrag: 1,31 €
18. Brutto: 17,50 € Netto: 16,36 € MwSt. Betrag: 1,14 €
19. Brutto: 20,00 € Netto: 18,69 € MwSt. Betrag: 1,31 €
20. Brutto: 700,00 € Netto: 654,21 € MwSt. Betrag: 45,79 €

## B.3 – Zinsrechnung

1. Die Aktie steht am Ende des Jahres bei 110,97€.
   (Nach jedem Jahr wurde auf Cent genau gerundet!)

2. 253,2 Millionen = 100% + 8,3%
   d.h. dieser Wert entspricht 108,3% des Vorjahreswertes.
   253,2 : 1,083 = 233,8 Millionen
   Im Vorjahreszeitraum wurden 233,8 Millionen Tonnen transportiert.

3. In 2006:

| | |
|---|---|
| Kaufpreis | 249.000,- € |
| Maklerprovision (3,0%) | 7 470,- € |
| MwSt. auf Provision (16% von 7470,-) | 1 195,20 € |
| | -------------------- |
| | 257.655,20 € |

   In 2007:

| | |
|---|---|
| Kaufpreis | 246.000,- € |
| Maklerprovision (3,0%) | 7 380,- € |
| MwSt. auf Provision (19% von 7380,-) | 1 402,20 € |
| | -------------------- |
| | 254.782,20 € |

   Das Haus ist ab Januar 2007 billiger.

4. Vor 13 Jahren wurden 3 500,- € angelegt.
   Mit 18 Jahren beträgt das Kapital 4 998,86 €.

   Die Rechnung beträgt im neuen Jahr 1328,49 € nur aufgrund der MwSt.-Erhöhung.

## B.4 – Fliesen verlegen

a) A = 12,6 $m^2$    b) n = 126    d) 1404,94 €

## B.5 – Renovierung

a) Deckenfläche: 36,98 $m^2$, Wandfläche: 60,8 $m^2$,
   Gesamtfläche: 97,78 $m^2$
b) Klecksel: 855,68 €, Farbenfroh: 1715,17 €. Klecksel ist billiger.

## .6 - Hausbau

) Höhe: 3,46 m, Fläche: 138,56 m²

Ziegelsteine: n = 1361, Firstziegel: 25

Gewicht: 4113 kg, Preis: 2300,51 €

Volumen: 987,6 m³, Preis: 1481400 €

## .7 - Prozentrechnung / Verhältnisse / Dreisatz gemischt

) 1030

2) a) Dauerkartenbesitzer: 46512, Verkaufte Karten a. d. Kasse: 20888

b) 4804

3) a) 1250 € 2570 € 4317,6 €

b) 1785,71 €

4) a) 7500 kg, b) 50 g, c) 0,9 €

5) a) V = 425 l b) 106,25 € c) 438,75 €

## 3.8 – Quadratische Gleichungen / Parabeln

1) a) $L = \{-5;\ 5\}$ b) keine Lösung!

c) $L = \{-\frac{25}{2};\ -\frac{1}{2}\}$ d) $L = \{6;\ 9\}$

e) $L = \{-8;\ 1\}$ f) $L = \{-0{,}2;\ 5\}$

2) a) $f(x) = (x-4)^2 - 6$ Scheitelpunkt: $S\ (4\mid -6)$

b) $f(x) = -\frac{1}{2}(x-4)^2 + 3$ Scheitelpunkt: $S\ (4\mid 3)$

c) Scheitelpunkt zwischen den Nullstellen 1 und -3 ist -1.
$x = -1$ einsetzen, $f(-1) = 8$; Scheitelpunkt: $S\ (-1\mid 8)$

3) a) $f(x) = x^2 - 6x + 7$, 2 Nullstellen $x_1 = 3 - \sqrt{2}\,; x_2 = 3 + \sqrt{2}$

b) $f(x) = -0{,}25 \cdot (x^2 + 6x + 9) - 2 = -0{,}25x^2 - 1{,}5x - 4{,}25$

keine Nullstellen

c) $f(x) = x^2 - x + 2$, keine Nullstellen

## B.9 – Kreis und Trigonometrie

1) Das Rad hat sich 22714 mal gedreht.

2) a) $25 \cdot \frac{\pi}{180} \approx 0{,}43633$  b) $90 \cdot \frac{\pi}{180} = \frac{\pi}{2} \approx 1{,}57$

c) $135 \cdot \frac{\pi}{180} \approx 2{,}36$  d) $335 \cdot \frac{\pi}{180} \approx 5{,}847$

3) a) $\frac{5 \cdot 180°}{4} = 225°$  b) $\frac{7 \cdot 180°}{8} = 157{,}5°$

c) $\frac{180°}{\pi} = 57{,}3°$  d) $\frac{2{,}8 \cdot 180°}{\pi} = 160{,}4°$

4) a) $A \approx 60{,}4\ cm^2$  b) $A \approx 44{,}63\ cm^2$

5) a) $\gamma = 66°$  $a \approx 4{,}38\ cm$  $b \approx 1{,}78\ cm$

b) $b \approx 4{,}022\ cm$  $\gamma \approx 55{,}12°$  $\alpha \approx 34{,}88°$

6) $\alpha \approx 74{,}74°$  $A \approx 16{,}09\ cm^2$

## .10 – Stereometrie und Körperberechnungen

Volumen $V = 268{,}1\ cm^3$ Oberfläche $O = 201{,}1\ cm^2$

**Hohlzylinder:** Höhe h= 4 cm
innerer Radius r = 1 cm
äußerer Radius R = 4 cm
**Hohlkugel:** innerer Radius s = r = 1 cm
äußerer Radius S = R = 4 cm

Volumen $V = 320{,}4\ cm^3$

) Volumen $V = 2\,216\,240\ m^3$
Oberfläche $O = 77\,221\ m^2$

) Oberfläche $O = 279{,}9\ cm^2$
Volumen $V = 342{,}8\ cm^3$

) a) $h = \frac{1}{2}d$ $V = \pi \cdot r^2 \cdot h = 0{,}44 \cdot \pi \cdot d^3$
b) $d = 5{,}7\ cm$ $h = 9{,}95\ cm \approx 10\ cm$

) Volumen $V = 150{,}8\ cm^3$
Oberfläche $O = 154{,}95\ cm^2$

# nhang C - Abitur Beispielaufgaben

Die Lösungen zu den **Abitur-Übungsaufgaben (C.1- C.3)**
können über den QR-Code oder mit diesem Link

**http://calcuso.link/fb991dex**

auf der WEB-Seite von Calcuso
herunter geladen werden.

## C.1 Aufgaben zur Analysis

### Aufgabe aus dem IQB-Pool – gemeinsame Aufgabenpools der Länder

Papierflieger verlassen die Hand eines Werfers in einer bestimmten Abwurfhöhe, unter einem bestimmten Abwurfwinkel und mit einer bestimmten Anfangsgeschwindigkeit. Die Flugkurven können abhängig von diesen drei Bedingungen sowie von der jeweiligen Bauweise des Papierfliegers unte[r]schiedlich verlaufen. Im Folgenden sollen drei Typen von Flugkurven unte[r]schieden werden, die in der Abbildung schematisch dargestellt sind.

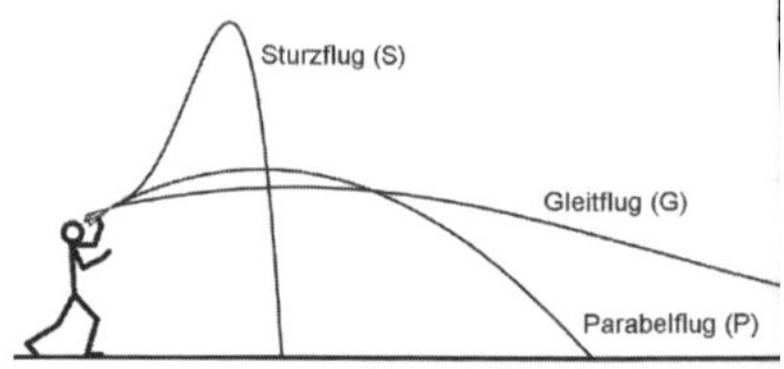


Wird die Größe der betrachteten Papierflieger vernachlässigt, können di[e] Flugkurven bei Verwendung eines Koordinatensystems, dessen x-Achs[e] entlang des horizontalen Bodens und dessen y-Achse durch de[n] Abwurfpunkt verläuft, modellhaft mithilfe von Funktionen beschriebe[n] werden. Im Folgenden soll der x-Wert der horizontalen Entfernung de[s] Papierfliegers vom Abwurfpunkt entsprechen, der zugehörige Funktionswe[rt] der Flughöhe (jeweils in Metern).

**1.** Ein Papierflieger bewegt sich entlang einer Flugkurve vom Typ S. Diese kann mithilfe der in $\mathbb{R}$ definierten Funktion s mit $s(x) = -x^4 + 2x^3 + \frac{1}{2}x + 2$ beschrieben werden.

a) Geben Sie die Abwurfhöhe an und zeigen Sie, dass die Flugweite etw[a] 2,27 m beträgt.

b) Zeigen Sie, dass der Papierflieger seine maximale Flughöhe besitzt, wenn seine horizontale Entfernung vom Abwurfpunkt etwa 1,55 m beträgt. Geben Sie diese Flughöhe an.

c) Berechnen Sie die Koordinaten der beiden Wendepunkte des Graphe[n] von s und geben Sie die jeweilige Steigung des Graphen von s in den Wendepunkten an.

d) Beschreiben Sie die Bedeutung des Wendepunkts mit der größeren x-Koordinate im Hinblick auf die Steigung der Flugkurve des Papierfliegers.

. Im Folgenden wird ein Papierflieger betrachtet, der sich bei jedem Flug entlang einer Flugkurve vom Typ P bewegt. Er wird in 2 m Höhe abgeworfen und erreicht seine größte Höhe in einer horizontalen Entfernung von 2 m vom Abwurfpunkt. Seine möglichen Flugkurven lassen sich näherungsweise mithilfe ganzrationaler Funktionen zweiten Grades beschreiben.

a) Begründen Sie, dass die möglichen Flugkurven dieses Papierfliegers im Modell durch den Punkt (4|2) verlaufen.

b) Zeigen Sie, dass sich alle möglichen Flugkurven dieses Papierfliegers im Modell mithilfe der in $\mathbb{R}$ definierten Funktionen $p_k(x) = -0{,}25k \cdot x^2 + k \cdot x + 2$ und $k \in \mathbb{R}^+$ beschreiben lassen.

c) Ermitteln Sie denjenigen Wert von k, für den der Papierflieger eine Flugweite von 6 m hat. Skizzieren Sie die Graphen der Funktionen $p_{\frac{1}{4}}$ und $p_{\frac{2}{3}}$.

d) Ist ein Kurvenstück Graph einer in $[a; b]$ mit $a, b \in \mathbb{R}$ definierten Funktion h mit erster Ableitungsfunktion $h'$, so gilt für die Länge L dieses Kurvenstücks: $L = \int_a^b \sqrt{1 + \left(h'(x)\right)^2}\,dx$.
Untersuchen Sie rechnerisch, ob $p_{\frac{1}{4}}$ oder $p_{\frac{2}{3}}$ die längere Flugkurve beschreibt.

e) Bestimmen Sie den Wert von k so, dass der Abwurfwinkel der mithilfe von $p_k$ beschriebenen Flugkurve ebenso groß ist wie der Abwurfwinkel der mithilfe der Funktion s beschriebenen Flugkurve.

. Die größten Flugweiten erzielen Papierflieger mit Flugkurven des Typs G. Eine solche Flugkurve soll mithilfe der in $\mathbb{R}$ definierten Funktion g mit $g(x) = 2e^{-0{,}02x^2+0{,}1x}$ beschrieben werden.

a) Beurteilen Sie die Eignung von g zur modellhaften Beschreibung der Flugkurve bezogen auf den Verlauf des Graphen von g für $x \to \infty$.

b) Die Flugweite beträgt 15,3 m. Der erste Teil der Flugkurve lässt sich mithilfe von g beschreiben. Ab einem bestimmten Punkt kann der weitere Verlauf der Flugkurve bis zum Boden durch eine Gerade dargestellt werden. Dieser zweite Teil der Flugkurve hat eine Länge von 10,6 m. Bestimmen Sie die horizontale Entfernung des Übergangs vom ersten zum zweiten Teil der Flugkurve vom Abwurfpunkt und prüfen Sie, ob dieser Übergang ohne Knick erfolgt.

## C.2 Aufgaben zur Vektorrechnung

### Aufgabe aus dem IQB-Pool – gemeinsame Aufgabenpools der Länder

Die Position einer Bohrplattform im Meer kann in einem kartesischen Koordinatensystem modellhaft durch den Punkt $P\ (8|43{,}2|0)$ dargestellt werden.

Die xy-Ebene beschreibt die Wasseroberfläche. Eine Längeneinheit im Koordinatensystem entspricht einem Kilometer in der Realität.

Die Besatzungen eines Boots und eines Hubschraubers werden gleichzeit beauftragt, die Besatzung der Plattform in einer Notsituation zu unterstützen. Zum Zeitpunkt des Auftrags wird die Position des Boots durch den Punkt
$B\ (13|31{,}2|0)$ dargestellt. Unmittelbar anschließend fährt es geradlinig mit der Geschwindigkeit $52\ \frac{km}{h}$ in Richtung der Plattform.

Die Position des Hubschraubers kann vom Zeitpunkt des Auftrags bis zum Beginn seiner Landephase durch die Gleichung $\vec{x} = \begin{pmatrix} 0{,}8 \\ 0{,}3 \\ 0{,}25 \end{pmatrix} + t \cdot \begin{pmatrix} 48 \\ 286 \\ 0 \end{pmatrix}$ beschrieben werden. Dabei ist t die Zeit in Stunden, die seit dem Auftrag vergangen ist. Die Landephase beginnt im Modell im Punkt
$H_L\ (7{,}76|\ 41{,}77|0{,}25)$.

a) Veranschaulichen Sie die Positionen der Plattform, des Boots und des Hubschraubers zum Zeitpunkt des Auftrags – unter Vernachlässigung der Flughöhe des Hubschraubers – in der xy-Ebene.

b) Begründen Sie, dass der Hubschrauber bis zur Landephase parallel zur Wasseroberfläche fliegt, und geben Sie seine Flughöhe über der Wasseroberfläche an.

c) Begründen Sie, dass die Position des Boots vom Zeitpunkt des Auftrags bis zum Erreichen der Plattform durch die Gleichung

$\vec{x} = \begin{pmatrix} 13 \\ 31{,}2 \\ 0 \end{pmatrix} + t \cdot \begin{pmatrix} -20 \\ 48 \\ 0 \end{pmatrix}$ beschrieben wird, wobei t die seit dem Auftrag vergangene Zeit in Stunden ist.

d) Ermitteln Sie, wie viel Zeit vom Zeitpunkt des Auftrags an vergeht, bis das Boot die Plattform erreicht.

) Betrachtet wird die Funktion e mit

$$e(t) = \left| \begin{pmatrix} 0{,}8 \\ 0{,}3 \\ 0{,}25 \end{pmatrix} - \begin{pmatrix} 13 \\ 31{,}2 \\ 0 \end{pmatrix} + t \cdot \left( \begin{pmatrix} 48 \\ 286 \\ 0 \end{pmatrix} - \begin{pmatrix} -20 \\ 48 \\ 0 \end{pmatrix} \right) \right| \text{ und } 0 < t < 0{,}145.$$

Bestimmen sie denjenigen Wert von t, für den e seinen kleinsten Wert annimmt, und beschreiben Sie die Bedeutung dieses Werts im Sachzusammenhang.

Der Hubschrauber bewegt sich während seiner Landephase mit verringerter Geschwindigkeit geradlinig auf die horizontale Landefläche der Plattform zu, die im Modell durch den Punkt $L\ (8|43{,}2|0{,}06)$ dargestellt wird. Bestimmen Sie die Größe des Neigungswinkels der Flugbahn während der Landephase gegenüber der Horizontalen.

) Bestimmen Sie eine Gleichung der Ebene in Koordinatenform, in der sich der Hubschrauber vom Auftrag bis zur Landung im Modell bewegt.

## C.3 Aufgaben zur Wahrscheinlichkeitsrechnung

### Aufgabe aus dem IQB-Pool – gemeinsame Aufgabenpools der Länder

Von allen Jugendlichen eines Landes im Alter von 14 bis 25 Jahren sind 49,20 % weiblich. 47,10 % der Jugendlichen erledigen ihre Finanzangelegenheiten regelmäßig mittels Smartphone oder Tablet. Der Anteil der Jugendlichen, die weiblich sind und ihre Finanzangelegenheiten regelmäßig mittels Smartphone oder Tablet erledigen, beträgt 19,68 %.

a) Stellen Sie den beschriebenen Sachzusammenhang in einer vollständig ausgefüllten Vierfeldertafel dar.

b) Bestimmen Sie die Wahrscheinlichkeit dafür, dass eine unter den Jugendlichen zufällig ausgewählte Person entweder männlich ist oder ihre Finanzangelegenheiten regelmäßig mittels Smartphone oder Tablet erledigt.

c) Weisen Sie nach, dass die Wahrscheinlichkeit dafür, dass eine unter den weiblichen Jugendlichen zufällig ausgewählte Person ihre Finanzangelegenheiten regelmäßig mittels Smartphone oder Tablet erledigt, 40 % beträgt.

Es werden 50 weibliche Jugendliche zufällig ausgewählt.

d) Bestimmen Sie jeweils die Wahrscheinlichkeit folgender Ereignisse:

A: „Die Hälfte der ausgewählten weiblichen Jugendlichen erledigt Finanzangelegenheiten regelmäßig mittels Smartphone oder Tablet“.

B: „Mehr als die Hälfte der ausgewählten weiblichen Jugendlichen erledigen Finanzangelegenheiten regelmäßig mittels Smartphone oder Tablet“.

Aus einer Gruppe von zehn Jugendlichen nutzen für Finanzangelegenheiten vier Personen nur Smartphones und sechs nur Tablets. Aus dieser Gruppe werden drei Jugendliche zufällig ausgewählt.

e) Begründen Sie, dass die Binomialverteilung für Überlegungen zur Anzahl der ausgewählten Personen, die für Finanzangelegenheiten nur Smartphones nutzen, nicht geeignet ist.

f) Bestimmen Sie die Wahrscheinlichkeit dafür, dass genau zwei der drei ausgewählten Personen für Finanzangelegenheiten nur Smartphones nutzen.

# Anhang D – Index | Stichwortverzeichnis

## A

Ableitung einer Funktion 51
Antwortspeicher 11

## B

Berechnungsfenster 11
Bernoulli-Experiment 44
Binomialverteilung 44
Binomialverteilung, Kumulierte 45
Bogenmaß 9
Bruchdarstellung 10, 13
Bruchdarstellung, gemischte 10
Bruchrechnung 18

## D

Determinante 81
Dezimaldarstellung 10
Dezimalpräfixe 10
Diagonalform einer Matrix 82
Doppelbrüche 19
Dreisatz 21

## E

Einheiten umrechnen 26
Einheitsmatrix 81
Extremstellen 52

## F

Fakultät 43
Funktionen 37

## G

Geodätisches Winkelmaß 9
ggT
    größter gemeinsamer Teiler 15
Gleichungen 32
Gleichungssysteme 32
Gradmaß 9
Grundwert 20

## H

Hauptmenü 8

## I

Integral 56
Inverse Matrix 82

## K

kgV: kleinstes gemeinsames Vielfaches 15
Koordinatenform 66
Kreuzprodukt 60

## L

Lotgerade 73

## M

Matrizen 79
MENU SETUP 8
Mittelwert 40

## N

Normalenform 66
Nullstellen 54

## P

Periodische Dezimalbrüche 17
Potenzen 24
Primfaktorzerlegung 15
Prozentrechnung 20
Prozentsatz 20
Prozentwert 20

## Q

QR-Code 29

## R

Regression 46, 49, 50
Relative Häufigkeiten 41
Runden 16, 17

## S


kalarprodukt 60
andardabweichung 40
ichproben 40


## T


aste **ALPHA** 7
aste **SHIFT** 7
eilen mit Rest 16
erme 31
ansponierte 81


## U


ngleichungen 36


## V


ektor normieren 61
ektorprodukt 60
ektorrechnung 58
erhältnisse 21


## W


ahrscheinlichkeitsrechnung 40
ahrscheinlichkeitsverteilung 41
endestelle 55
ertetabelle 38
inkelmaß 9
ürfelspiel simulieren 42
urzeln 23


## Z


ahlendarstellung 13
ehnerpotenzschreibweise 13
ufallszahlen 25